Magyar Vizsla

DR. BRIGITTE RAUTH-WIDMANN

Magyar Vizsla

Geschichte Haltung Ausbildung Beschäftigung

KOSMOS

DIE GESCHICHTE DES VIZSLAS

Die Geschichte des Vizslas

Was damals geschah

Von uns war keiner dabei. Und stichhaltige schriftliche Belege oder Bilddokumente aus der Zeit seiner Entstehung gibt es kaum. Unverbriefte Überlieferungen hingegen sind recht zahlreich. Doch was davon ist Legende? Fest steht: Die Frühgeschichte des Magyar Vizslas begann im 9. Jahrhundert.

Die stöbernden Gelben
Die Vogelhunde aus dem Osten

Damals zogen asiatische Reitervölker, die wegen ihres Kampfesmutes gefürchtet waren, in das ungarische Flachland ein und starteten ihre Plünderungszüge durch das Pannonische Becken. Es waren die Vorfahren der Magyaren, den heutigen Ungarn. Aus ihrer Heimat im Osten brachten die kriegerischen Nomaden nicht nur ihre Pferde und Viehherden mit ins Land, sondern auch ihre Hunde. Darunter fanden sich Treib- und Hütehunde für die Arbeit an der Herde, Lagerhunde mit großem Wach- und Beschützerinstinkt sowie verschiedene Hundetypen für den jagdlichen Einsatz. Einer davon war mittelgroß, sandfarben bis gelbrot, meist kurzhaarig und mit Fähigkeiten ausgestattet, die den berittenen Eindringlingen schon in den weiten russischen Steppen von großem Nutzen gewesen waren, als sie zu Pferde – und mit ihren Falken auf der Faust – zur Jagd auf Federwild zogen. Die Aufgabe der Hunde bestand darin, das Jagdwild aufzustöbern und aus der Deckung zu treiben, damit es von den Falken bequem geschlagen werden konnte.

Weil die ausgedehnten fruchtbaren Ebenen unterhalb des Karpatengebirges in dieser Epoche reich an Hühnerwild wie Fasan, Rebhuhn oder Wachtel waren, das sich dort leicht zu Ross bejagen ließ, kamen die gelben Stöberhunde auch in ihrem neuen Wirkungskreis häufig zum traditionellen Jagdeinsatz. Vielleicht schätzten die magyarischen Falkner die Fähigkeiten ihrer Jagdbegleiter so sehr, dass sie, um diese zu erhalten, zumindest mit einzelnen Hunden gezielte Verpaarungen vornahmen. Gerade das auffallend einheitliche äußere Erscheinungsbild dieser sogenannten Vogelhunde könnte darauf hindeuten. Schriftliche Erwähnung finden die Hunde, die bisweilen auch als pannonische Spürhunde bezeichnet werden, erst im 14. Jahrhundert. Auch ihre ersten Darstellungen stammen aus dieser Zeit.

Die Hunde der Türken

Flugwild aufstöbern, hochjagen und so einem Beizvogel – also einem für die Jagd abgerichteten Greifvogel – zutreiben, das war die Hauptaufgabe der Gelben Türkenhunde, die rund 600 Jahre nach den ersten Vogelhunden während der osmanischen Eroberungsfeldzüge gemeinsam mit ihren

1 Hund und Vogel (hier ein Uhu-Küken) müssen früh aneinander gewöhnt werden, um später harmonisch zusammen arbeiten zu können.

2 Bei der Beizjagd stöbert der Vizsla kleine Wildtiere auf, damit sie der Greif erbeuten kann.

Haltern in Ungarn Einzug hielten. Denn auch die Türken (die 1526 damit begannen, große Teile Ungarns zu besetzen) brachten aus ihrer vorderasiatischen Heimat ihre vierbeinigen Jagdgefährten mit – und wiederum die Tradition, zu Pferde und mit Beizvögeln Federwild und Haarwild wie etwa Hasen zu bejagen. Wie die Vogelhunde der Magyaren besaßen die Türkenhunde ein gelb gefärbtes kurzes Haarkleid und ausgezeichnete Stöbereigenschaften. Außerdem zeigten sie einen deutlichen Windhundeinschlag, etwa von Sloughis, Salukis und Azawakhs, den typischen Orientalen. Einzelne schriftliche und bildliche Zeugnisse aus dem frühen 16. Jahrhundert belegen dies. Auch diese Hunde wurden sicher schon bewusst miteinander verpaart, um ihre jagdlichen Anlagen und ihre Duldsamkeit zu erhalten und zu fördern. Denn das gezielte Aufstöbern von Flugwild

war es nicht allein, was zum Jagderfolg verhalf. Ein guter Falknerhund durfte einen Beizvogel keinesfalls als Konkurrenten um die Beute betrachten oder ihn beim Schlagen des Wildes behindern.

Ob und in welchem Ausmaß sich die Populationen der frühen Vogelhunde der Magyaren und jene der Gelben Türkenhunde genetisch vermischten, ist nicht belegt. Man kann allerdings davon ausgehen, dass all jene kurzhaarigen Stöberhunde mit dem charakteristischen gelben bis gelbroten Haarkleid, die zu Beginn der Neuzeit in Ungarn lebten, zusammen einen recht stattlichen Genpool abgaben. Aus dieser profunden Ausgangsbasis ließ sich leicht ein Jagdgefährte herauszüchten, der nicht nur duldsam war und hervorragend stöbern konnte, sondern weitere herausragende (jagdliche) Eigenschaften aufwies.

Vom Stöberer zum Vorsteher

Pferdezucht, Hundezucht, Jagd, das war es, was den ungarischen Adel damals zwischen den Kriegshandlungen beschäftigte. Und so erstaunt es nicht, dass auf dessen riesigen Landsitzen die Züchtung eines Jagdgebrauchshundes in Angriff genommen wurde, der optimal an die herrschenden jagdlichen Gegebenheiten angepasst war und der den Ansprüchen der Jäger immer besser entsprach. Zunächst züchtete man die gelben Stöberhunde offensichtlich über mehrere Generationen hinweg vollkommen rein, verpaarte sie also stets nur untereinander. Es entstand ein Hundetyp, Vizsla genannt, von dessen jagdlichem Können jedermann schwärmte. Kein Wunder, dass er bald im Karpatenbecken zu der am meisten verbreiteten Jagdhundrasse zählte. Das war im 18. Jahrhundert.

Die Jagd im Wandel

Dann kamen die ersten Vorstehhunde nach Ungarn, und der Ruhm des „alten" Vizslas verblasste. Mit den Jahren (genauer zwischen dem späten 15. und dem frühen 17. Jahrhundert) hatten sich durch den massiven Ausbau der Landwirtschaft nicht nur die Jagdreviere und damit der Besatz an jagdbarem Wild grundlegend verändert, sondern auch die Art der Bejagung. Es gab nun Feuerwaffen, und die Beizvogeljagd verschwand allmählich. Was die Jäger jetzt brauchten, war ein Hund, der nicht nur Niederwild aufstöbern und aus seiner Deckung treiben konnte, sondern der auch das Vorstehen und das Apportieren beherrschte – der also jene Fähigkeiten besitzen sollte, die einige der eingeführten Vorsteherrassen schon aufwiesen.

Eingekreuzt

Da besann man sich auf die Attribute des einheimischen Vizslas und verpaarte schließlich die wenigen (möglichst) reinrassigen Vertreter, die sich noch finden ließen, gezielt mit Hunden von Rassen, die die erstrebten Fertigkeiten – allen voran das Vorstehen – in ihrem Erbgut verankert trugen. Zunächst wurden englische Pointer und vereinzelt irische Setter eingekreuzt. 1880 ist das gewesen. Später zog man wohl auch Schweißhunde und einige andere Jagdhundrassen, unter anderem den kurzhaarigen Deutschen Vorstehhund (Deutsch Kurzhaar), zur „Veredlung" der Zucht heran und vermutlich auch den Sloughi, der bereits im Genom der Gelben Türkenhunde steckte.

Gelb muss er sein

Großen Wert legte man darauf, dass bei den Nachkommen die gelbe Fellfärbung erhalten blieb. Daraufhin ging es mit der Beliebtheit der „neuen" Vizslas wieder bergauf. Denn die sandgelben ungarischen Vorsteher bewährten sich unter den traditionellen Jagdbedingungen und bei der Feldarbeit in dem trocken-heißen Klima des Landes deutlich besser als die anderen Vorsteherrassen.

Auch bei den Wettbewerben, die gegen Ende des 19. und zu Beginn des 20. Jahrhunderts für Vorstehhunde abgehalten wurden, schnitten die Vizslas mit sehr gutem Ergebnis ab.

Was der Name sagt

Herkunft und Bedeutung des Wortes „vizsla" lassen sich nicht eindeutig belegen. Es existieren zwar mehrere Erklärungen, aber keine kann letztlich alle überzeugen – weder die, wonach „vizsla"

- finno-ugrischen Ursprungs ist („vizi") und so viel heißt wie „suchen", „nachspüren",
- „mager sein" oder auch „der mit dem forschenden Blick" bedeutet,
- in Ungarn früher allgemein für all diejenigen (Jagd-)Hunde verwendet wurde, die das Verhalten des Vorstehens zeigten – als Abgrenzung zu „agár", was „hetzend" heißt und bei ebensolchen Hunden als Bezeichnung angewandt wurde.

Neuerlicher Rückschlag und neuer Aufschwung

Trotzdem wollte es mit ihrer allgemeinen Durchsetzung nicht so recht klappen. Offensichtlich wurden immer wieder unkontrolliert Einkreuzungen vorgenommen, die das einheitliche Bild der Hunde verwässerten. Dies änderte sich erst, als man begann, sämtliche Zuchtgeschehnisse penibel zu protokollieren und Stammbücher zu führen. Im Mai 1920 wurde die „Vereinigung ungarischer Magyar Vizsla-Züchter" gegründet, die im gleichen Jahr den ersten Rassestandard erstellte und ein Zuchtbuch eröffnete. Jetzt erfolgte die kontrollierte Reinzucht. Durch die Fédération Cynologique International (FCI) wurde der Magyar Vizsla im Jahr 1935 offiziell anerkannt. Zu diesem Zeitpunkt waren in Ungarn schon ungefähr 5 000 Vizslas in den Zuchtbüchern registriert.

Kriegswirren

Doch während des Krieges zwischen 1937 und 1945 veränderte sich die Situation der Hunde abermals, was beinah zu deren Niedergang führte. Auch hatten, als die russische Wehrmacht gegen Ende des Zweiten Weltkriegs in Ungarn einmarschierte, viele Besitzer ihre Hunde bereits erschossen, damit sie nicht in deren Hände fielen. Denn nicht nur dem Adel waren die wertvollen Jagdhunde heilig. Die ungarische Bevölkerung war stolz auf ihre gezüchteten Vierbeiner. Immerhin heißen die Hunde „Magyar" Vizsla, also „ungarischer" Vizsla. Jedenfalls durften diese nicht außer Landes gebracht werden.

Fähigkeiten noch viele geschätzte Qualitäten, die sie so begehrenswert machen, allen voran ihr freundliches Wesen, ihre Anhänglichkeit, Neugierde und ihre schnelle Auffassungsgabe. Allerdings stellen diese Hunde auch Ansprüche. Und diese nicht unbedeutenden Ansprüche muss jeder, der mit einem Magyar Vizsla als Begleiter liebäugelt, unbedingt kennenlernen, um seinem Vierbeiner ein erfülltes Leben zu ermöglichen und um ihm eine Existenz zu bieten, in der er sich entfalten und seine Persönlichkeit voll ausleben kann, sei es hinsichtlich seines Bewegungsbedürfnisses, seiner Jagdpassion oder seines psychischen und sozialen Potenzials wegen.

Hundebedürfnisse berücksichtigen

Wird den Bedürfnissen der Rasse (sowie der individuellen Eigenschaften jedes Tieres) nicht bereits von Welpenbeinen an genügend Rechnung getragen, kann sich niemals eine harmonische Beziehung einstellen – von diesem wunderbaren Vertrauensverhältnis zwischen Hund und Mensch ganz zu schweigen.

Damit es nicht dazu kommt, heißt es, sich über das Wesen und die spezifischen Verhaltensweisen der Rasse zu informieren. Nur dann weiß man, was einen erwartet, und nur dann kann man abschätzen, ob man auch bereit ist, diese Bedürfnisse Jahr für Jahr rund um die Uhr zu befriedigen. Ein Vizsla aus guter Zucht wird immerhin zwischen zehn und vierzehn Jahre alt. Ist der Vierbeiner erst einmal eingezogen, ist es für so grundlegende Überlegungen zu spät.

So war es auch in den frühen Nachkriegsjahren. Auf der Flucht vor der anrückenden Armee nahmen jedoch viele Ungarn ihre Tiere mit ins nahe und ferne Ausland. Und dort waren jene Hunde mitunter der Grundstock für eine sich vor Ort etablierende Vizsla-Zucht, wie in Österreich, Großbritannien oder in den USA. Heute hat sich das Bild grundlegend gewandelt: Vizslas reisen wie selbstverständlich durch Länder und Kontinente. So ist beispielsweise in den Vereinigten Staaten der Kurzhaar-Vizsla so populär, dass wesentlich mehr Würfe fallen als im Ursprungsland der Rasse.

Seine Beliebtheit: rasant steigend

Auch hierzulande wächst die Begeisterung für die Vizslas zusehends, denn diese Hunde haben neben ausgezeichneten jagdlichen

*Es gibt nicht nur zwei Fellvarianten dieses ungarischen
Vorstehhundes, es gibt zwei verschiedene Rassen,
* den Magyar Vizsla Kurzhaar (FCI-Nr. 57), und
* den Magyar Vizsla Drahthaar (FCI-Nr. 239).*

Der Glatte und der Raue

Vizsla ist nicht gleich Vizsla – das verwundert nicht. Allerdings bezieht sich diese Aussage nicht nur auf die mehr oder weniger deutlichen individuellen Unterschiede zwischen einzelnen Tieren. Vizslas gibt es gewissermaßen in zwei verschiedenen Ausführungen, nämlich die mit kurzem und die mit drahtigem Fell. Und das kam so:

Einige Jahre vor dem Ersten Weltkrieg, um 1930 herum, keimte bei den ungarischen Jägern der Wunsch auf, einen weiteren Vizsla-Typ zu kreieren, einen, der ein etwas längeres, fülligeres und vor allem deutlich härteres Haarkleid besitzen sollte als die bisherigen Hunde. Man wollte den exzellenten Vorstehhund gegen Witterungseinflüsse und Temperaturschwankungen noch widerstandsfähiger machen. Auch in sehr dichtes Unterholz, Dornenhecken oder in Schilfgürtel hinein konnte man einen solchen Hund gefahrloser schicken. Ein harsches Haarkleid mit dicker Unterwolle würde mehr Schutz bieten als das gewohnte Kurzhaar. Auch hofften die Jäger, dieser Hund könne auf diese Weise noch ausdauernder der Wasserarbeit auf Entenvögel nachgehen, als es der Kurzhaar-Vizsla ohnehin schon tat. Was die Jägerschaft aber auf keinen Fall verändern wollte, waren das typische Wesen und die ausgezeichnete jagdliche Leistungsfähigkeit des „Altgedienten".

Die drahthaarige Rasse ist meist ein klein wenig größer und schwerer, und sie wirkt etwas rustikaler und robuster als die kurzhaarige.

Vizsla mal Deutsch Drahthaar

Auf die Idee folgt die Tat, und so wurden zwei ungarische Kurzhaar-Hündinnen als potenzielle Zuchttiere ausgewählt. Beide Tiere hatten sowohl ausgezeichnete Arbeitsleistungen als auch sehr gute Ahnentafeln vorzuweisen. Außerdem war von einer der Hündinnen bekannt, dass sie aus einer Zuchtlinie stammte, in der die Nachkommen manchmal ein bisschen langhaariger waren als gewöhnlich. Als Deckrüde bestimmte man einen Deutsch Drahthaar (DD), der ein vollkommen braun gefärbtes Fell besaß. Die Farbe Schwarz, die sich dominant vererbt, oder eine Schimmelung, wie sie beim DD üblich ist, wollte man nicht in den Genpool bringen. Zudem wusste man, dass sich die Gene, die ein braunes Fell bedingen, denen gegenüber, die für eine gelbe Fellfärbung verantwortlich sind, rezessiv, also untergeordnet, vererben und sich damit – wenn man die Zucht entsprechend plante – mit der Zeit würden unterdrücken lassen.

Die ersten Drahthaar-Vizslas

Wie erwartet kamen gelb sowie braun gefärbte Welpen zur Welt. Die gelben (dieser ersten bzw. F1-Generation) verpaarte man wieder miteinander und erzielte einen Vizsla-Typ, der zwar, was seine Kopfform betraf, noch nicht dem entsprach, was man sich vorstellte, der aber bereits ein recht ordentliches Drahthaar trug. In den nächsten Generationen, und unter Einkreuzung von Irish Red Settern, entwickelte sich die Behaarung und auch die Anatomie zur gewünschten Form.

FCI-Anerkennung der Drahthaar-Vizslas

Ob die Entwicklung des drahthaarigen Magyar Vizslas wirklich nur mit diesen beiden Hündinnen vollzogen wurde oder ungefähr zeitgleich an mehreren ungarischen Zuchtstätten abgelaufen ist, lässt sich nicht mit absoluter Gewissheit sagen. Unzweifelhaft ist, dass die entstandene Rasse ihrer Stammmutter in nichts nachstand.

Ein Raubart für die Jagd

Anders als der kurzhaarige Vizsla, der nicht zuletzt wegen seiner ausgesprochen eleganten Erscheinung weltweit auch als reiner Familienhund Karriere macht, ist der drahthaarige derzeit immer noch überwiegend in Jägerhand. Wer mit einem der Raubärte auf die Jagd geht, lobt neben der ausgezeichneten „Witterungsbeständigkeit" meist dessen Ausdauer, Begeisterungsfähigkeit und die sehr gut kontrollierbare Wildschärfe.

Das Vizsla-typische Wesen, die Charakterzüge und Verhaltensweisen, die geschätzte Arbeits- und Leistungsfähigkeit sowie die rassetypischen jagdlichen Anlagen zeigten Drahthaar- wie Kurzhaar-Vizslas. Man war zufrieden, und die Anhängerschaft wuchs – 1944 waren bereits 60 Hunde registriert. Im Jahr 1966 wurde der drahthaarige Vertreter von der FCI als neue Rasse anerkannt.

Jagdliche Allrounder

Beide Rassen werden bei den hierzulande üblichen Jagdmethoden als Allrounder geführt. Ob bei der Feldarbeit, im Wald oder im Wasser: Vizslas suchen flott unter der Flinte, zeigen ausgezeichnete Stöbereigenschaften und arbeiten auf der Schweißfährte ruhig und kontrolliert. Nur spurlaut sind sie in der Regel nicht. Sie schweigen also, wenn sie mit ihrer Nase dicht über dem Boden einer Fährte folgen. Sie können aber durchaus sicht- und standlaut werden, was bedeutet, dass sie Laut geben, sobald sie Wild erblicken, bzw. dieses anhaltend verbellen, sobald sie es gestellt haben.

Aus der Genetik

Ganz schön wuschelig

Dass es sich beim kurzhaarigen (UK) und beim drahthaarigen Magyar Vizsla (UD) tatsächlich um verschiedene Rassen handelt, liegt an ihren Ahnen. Gezielte Einkreuzungen von Deutsch Drahthaar-Hunden und die systematische Weiterzucht mit den F1-Nachkommen untereinander gibt es nur bei den drahthaarigen Vizslas. Drahthaar vererbt sich dominant gegenüber Kurzhaar, sodass dieses Merkmal rasch und sehr beständig weitervererbt wurde und auch erhalten blieb. Trotzdem fallen in Drahthaarwürfen gelegentlich Welpen mit weniger drahtigem Fell. Manche sind kaum von reinrassigen UK zu unterscheiden, denn ihnen fehlt manchmal sogar der typische Bart. Und auch richtige Wuschel können darunter sein, deren Fell zwar Drahthaarstruktur besitzt, oft aber wesentlich fülliger ist und sich eine Spur weicher anfühlt. Ursache für diese große Variationsbreite beim Haarkleid der Drahthaar-Vizslas ist unter anderem die noch relativ junge Zuchtgeschichte dieser Rasse.

Ein bisschen Windhund

In den Anfangsjahren ihrer Züchtung wurden auch in reine Kurzhaar-Populationen andere Hunderassen eingekreuzt, unter anderen orientalische Windhundrassen. Somit können auch Gene solcher Rassen in einigen ihrer Zuchtlinien schlummern. Weil diese Gene rezessiv sind, bleiben sie lange Zeit unerkannt. Zur Ausprägung kommen sie nur, wenn beide Paarungspartner den entsprechenden Erbfaktor aufweisen (z. B. bei strenger Inzucht), etwa in Gestalt eines Windhund-Habitus oder einer etwas variierten Haarstruktur. Auch bei der Form und Länge des Behangs sowie bei der allgemeinen Kopfform gibt es deutliche Unterschiede zwischen den verschiedenen Zuchtlinien. Ab und zu tauchen auch ein paar Langhaar-Gene auf, die auf Setter-Einkreuzungen zurückgehen.

SO SIND MAGYAR VIZSLAS

So sind Magyar Vizslas

Wesen und Ansprüche

Temperamentvoll, bewegungsfreudig, ausdauernd, kontaktsüchtig, verschmust, gelehrig und kooperativ; entfaltet seine Vorzüge nur bei liebevollem Umgang: Das ist „vizsla".

Mit strahlenden Augen und wachem Blick

Ob in der Kurzhaar- oder der Drahthaar-Version: Die beeindruckendsten Attribute eines Magyar Vizslas sind seine Lebensfreude, seine Begeisterungsfähigkeit und sein nahezu unerschütterliches Verlangen, mit seinem menschlichen Begleiter zusammenzuarbeiten. Sein ehrgeiziger Eifer steht ihm förmlich ins Gesicht geschrieben. Erwartungsfroh, mitunter auch fordernd, schelmisch oder flehend die Botschaft: Lass uns etwas gemeinsam unternehmen! Dieser Bitte sollte man tunlichst nachkommen. Wofür hat man sonst einen solchen Hund?

Ihre Stärken: Vielseitigkeit und Anpassungsfähigkeit

Welche Arbeit angestrebt wird, scheint zunächst gleich. Hauptsache ist, man macht etwas miteinander. Der Vizsla hat beispielsweise überhaupt nichts gegen Kunststückchen einzuwenden, die er einüben soll. Pfiffig und aufmerksam entgeht ihm nicht der kleinste Fingerzeig. Ist seine Nasenleistung gefordert, ist er ohnehin unschlagbar. Ob Leckerchen, Spielzeug oder Dummys, ob an einem Ast baumelnd oder unter Laub verscharrt: Dem Vischel bleibt nichts verborgen.

Ebenso liebt dieser Vierbeiner Dog Dancing, Agility, Frisbeescheiben-Fangen, Turnierhunde- oder Fährtenhundesport oder vergleichbare Freizeitaktivitäten mit einem aktiven Zweibeiner, etwa als Begleiter beim Reiten, Joggen oder neben dem Fahrrad. Leicht gebaut, hochbeinig, ausgesprochen wendig, lebhaft und lernbegierig ist er sowieso, weshalb aus anatomisch-physiologischer Sicht nichts gegen derartige Beschäftigungsarten spricht.

Dieser begehrenswerte Vierbeiner stellt Forderungen: Erst mit Nasenarbeit, Gehirnjogging und Muskeltraining in ausgewogener Mischung – gepaart mit einer stattlichen Portion liebevoller Zuneigung – fühlt er sich wohl.

Fordern und Fördern

Sein starkes Bedürfnis, sich mit viel Temperament, ausdauernd und ausgreifend zu bewegen, ist es nicht allein, was Tag für Tag befriedigt werden muss. Dieser Hund will auch mental gefordert und gefördert werden, damit er sich entfaltet und dann zeigen kann, was in ihm steckt. Allerdings stellt er dabei nicht zu unterschätzende Anforderungen an seine Menschen. Denn nur bei liebevoll-konsequentem, achtsamem Umgang mit ihm entwickelt er sein typisch angenehmes, ausgeglichenes Wesen und seinen einzigartigen Charakter, und nur bei ehrlicher, einfühlsamer Behandlung lässt er sich jenes genetisch eingefräste Potenzial entlocken, das all die Fähigkeiten und Fertigkeiten birgt, welches die Liebhaber beider Rassen so schätzen.

Ausdauernd und geländegängig

Potenzielle Berufe für den Magyar Vizsla gibt es viele: So schickt man ihn gern auf die Suche nach Vermissten – ins sprudelnde Nass ebenso wie in tiefen Schnee, in ein schwieriges Trümmergelände oder dichtes Unterholz. Wasserfreudig und geländegängig, wie er ist, lässt er sich nicht zweimal bitten. Betrachten Sie einmal sein ausgewogenes Gebäude, die straffe Muskulatur, seine auffällig großen elastischen Fußballen und die gewölbten Zehen mit den ausgeprägten Zwischenzehenhäuten, und Sie werden unschwer erkennen können, weshalb dieser Hund selbst auf wackligem, rutschigem oder schlammigem Untergrund so gut vorankommt. Dank seiner Ausdauer und seines Durchhaltewillens ist er als Rettungshund sehr erfolgreich. Sogar als Mantrailer auf der Suche nach einer ganz bestimmten Person oder als Spürhund nach versteckten Drogen, Sprengstoff oder Schimmelpilzsporen hat er sich einen Namen gemacht – nicht zuletzt seines ausgezeichneten Riechvermögens und der Verlässlichkeit wegen, die er beim Aufspüren an den Tag legt. Ein Hund eben, der vielfältig eingesetzt werden kann.

Verschmust bis zum Abwinken: Auf diesen Wesenszug sollte sich jeder potenzielle Vizsla-Halter gefasst machen. Diese Hunde entwickeln die ulkigsten Späße, um sich Gehör zu verschaffen ...

Lernfreudig und sanft

Sein großer Lernwille und die schnelle Auffassungsgabe machen es ihm leicht, zu begreifen, was von ihm erwartet wird. Dies sicher nur, wenn man ihn „Vizsla-gerecht" behandelt, also mit leiser Stimme und sanftem Tonfall, ohne Härte, Strenge oder Zwang, denn laute Worte und grobe Behandlung sind Gift für eine Vizsla-Seele. Viel erfolgreicher ist es, ihn mit Geduld und sehr viel Lob sowie mit Pausen und Spieleinlagen nach jeder Lektion anzuleiten und dabei seine angeborenen Wesenszüge nicht aus den Augen zu verlieren, sondern sie jederzeit zu respektieren.

Auch als vierbeiniger Therapeut im Besuchsdienst, als Therapie- und Behindertenbegleithund oder als Blindenführhund überzeugt der Magyar Vizsla. Sein offenes, ausgeglichenes Wesen und seine große Duldsamkeit lassen ihn hier brillieren.

Echte Herzensbrecher

Zudem ist der Vizsla sehr friedfertig – ob alt oder jung, groß oder klein, Rüde oder Hündin: Ein Magyar Vizsla verhält sich Menschen gegenüber zuvorkommend und fordert diese meist von sich aus zur Kontaktaufnahme auf, oft sogar zu innigem Körperkontakt. Dabei geht er feinfühlig vor. Lehnt eine Person den Kontakt ab, drängt der Vischel sie auch nicht dazu; zeigt der Zweibeiner sich hingegen nicht abgeneigt, gerät der vierbeinige Herzensbrecher bei seinen Liebesbekundungen nicht selten aus dem Häuschen. Sich derartigen Zudringlichkeiten zu erwehren, ist nicht immer einfach.

Auf fremde Personen, die unangemeldet im Zuhause eines Vizslas erscheinen, reagiert er zwar aufmerksam und meldet sie manchmal auch mit lautem Gebell, verhält sich ihnen gegenüber aber meist sehr freundlich, vor allem dann, wenn auch sein Herrchen/Frauchen den Besuch als begrüßenswert eingestuft hat. Nur wenige Hunde nehmen ihre Beschützerrolle so ernst, dass sie einen Eindringling energisch stellen. Obwohl sie meist kurz anschlagen, wenn ihnen etwas verdächtig erscheint: Als Wachhunde sind Vizslas nicht zu gebrauchen. Viel eher erwerben sie sich – nach getaner Arbeit – große Verdienste als nimmermüde Kuschelmonster auf dem Sofa. Auch mit Kindern gehen diese Hunde in der Regel sehr zärtlich um. Voraussetzung für eine harmonische Beziehung zwischen Kind und Hund über das Welpenalter hinaus ist die frühzeitige, behutsame Gewöhnung aneinander.

Ihr Erbe: Arbeitseifer und Bewegungsdrang

Am allerbesten lässt sich der energiegeladene Vorstehhund durch den jagdlichen Einsatz auslasten, denn hier kann er sein ganzes Können ausleben. Das bedeutet allerdings nicht, dass er nur als Jagdgebrauchshund in Jägerhand gehört. Jagdbezogene Aktivitäten, die auch ein Nichtjäger seinem Hund bieten kann, genügen, um einen Magyar Vizsla angemessen zu beschäftigen und auszulasten. Felldummys oder etwas Pansensud für das Fährtenlegen reichen aus, um Jagdsituationen für den Familienhund zu simulieren. Allerdings muss der Vierbeiner die Chance bekommen, möglichst jeden Tag mit seinem Menschen in abwechslungsreichem und anspruchsvollem Gelände auf die „Pirsch" zu gehen, dabei „Beute" suchen und finden und diese anschließend apportieren zu dürfen.

Action, bitte!

Der Hundeführer ist bei den „Jagdausflügen" ebenfalls gefordert: Lustlos ein Spielzeug zu werfen reicht nicht aus, um den Vizsla auf Dauer zu fordern und seine angeborene Aufmerksamkeit und Motivation zu erhalten. Man braucht schon etwas mehr Erfindergeist, damit der leidenschaftliche Jagdhund sich am Ende nicht selbst eine passende Beute zum Vorstehen sucht und seinen Halter vergisst.

Doch wer schon mit einem Magyar Vizsla gearbeitet hat oder ihn bei der jagd(sport)-lichen Arbeit beobachten konnte, weiß, dass die Freude, mit der dieser zu Werke geht,

äußerst ansteckend wirkt. Was gibt es Schöneres für Herr/Frau und Hund als ausgedehnte, erlebnisreiche Ausflüge, bei denen man rund ums Jahr die Natur erkundet und neue Erfahrungen miteinander sammeln kann? Was schweißt Mensch und Jagdhund enger zusammen als solche Unternehmungen?

Jagdhunde für Nichtjäger?

Selbst als überzeugte Nichtjägerin möchte ich Ihnen empfehlen, nur dann einen Magyar Vizsla ins Auge zu fassen, wenn Sie tagtäglich genügend Zeit (mindestens zwei bis drei Stunden) für seine rassegerechte Beschäftigung aufbringen können und auch Gefallen daran finden, ihn regelmäßig mit Suchaufgaben und Bringspielen zu unterhalten – wenn Sie ihn nicht ohnehin im Revier als jagdlichen Kompagnon an Ihrer Seite einsetzen möchten. Denn es gibt für den Jagdeifrigen im semmelgelben Fell kaum eine schönere Beschäftigung, bei der er seine ererbten Anlagen ausleben und seiner Passion frönen kann als bei der Jagd bzw. bei jagdsportlichen Aufgaben.

Einen Hund mit unverkennbar jagdlichen Ambitionen wie den Magyar Vizsla einfach ins Gelände zu entlassen, ist mehr als grob fahrlässiges Verhalten – dem Hund und seiner Umwelt gegenüber. Doch für den einfühlsamen und verantwortungsbewussten Halter, der seinen Vizsla aufmerksam beobachtet und bereit ist, ihn im dauernden Kontakt immer besser kennenzulernen und auf ihn einzugehen, und der ihn seinen individuellen Talenten entsprechend anleitet, ist dieser Klimmzug, „ein Jagdhund in Nichtjägerhand", durchaus zu schaffen. Zwar bedeutet es, mit sehr viel Einsatz ein Fundament zu schaffen, was den neuen Besitzer anfangs sehr in Anspruch nimmt, doch über kurz oder lang zahlt sich diese Mühe aus, und das Ergebnis lohnt sich: Man bekommt einen ausgeglichenen Hund, der vor Selbstvertrauen strotzt und der sich jederzeit auf die Entscheidungen seines Lehrers, den er nicht mehr aus den Augen lässt, verlassen kann.

Schau mir in die Augen, Kleiner!

Ein Vizsla, der von Kindesbeinen an seine starke Menschenbezogenheit und das Verlangen, sich seinem zweibeinigen Begleiter jederzeit vertrauensvoll zuzuwenden, ausleben durfte, hält dauernd Sichtkontakt. Oft nimmt er von sich aus Blickkontakt auf, um zu erfragen, was sein Besitzer von ihm erwartet. Diese Verhaltensweise ist von unschätzbarem Wert, sowohl bei der Erziehung und Ausbildung des Hundes als auch beim täglichen Miteinander. Grund genug, um den Kooperationswillen des Hundes zu fördern und so die gegenseitige Bindung zu intensivieren. Mit Gehorsam, der anerzogen ist, hat

Für einen Welpen ist alles neu und spannend. Der geduldige Halter lässt ihm Zeit fürs Erkunden, hilft nur, wenn nötig, und lehrt spielerisch. Dann stellt sich Perfektion fast von selbst ein.

arbeiten soll, mit Wild vertraut gemacht, das er gelegentlich auch einmal verfolgen darf. Im Gegensatz zu einem Vizslakind mit einer geplanten Behindertenbegleithund-Karriere etwa, dem gerade dieses nicht gestattet werden darf. Dass dieser Hund stattdessen in seinen ersten Lebenswochen beispielsweise Rollstühle und den Umgang mit körperlich behinderten Menschen kennenlernen muss, versteht sich von selbst.

Wird der Vizslazwerg angemessen belohnt (zum Beispiel durch streicheln, massieren, herumalbern), werden Harmonie und ein inniges Zusammengehörigkeitsgefühl nicht ausbleiben. Man braucht nicht einmal eine Feldleine, um solch einen Vizsla von Alleingängen abzuhalten, ganz egal wie wildreich das Gelände sein mag. Das Vertrauensverhältnis besteht dann nämlich auf beiden Seiten.

das rege Kontakthalten des Magyar Vizslas und sein „will to please" (beides als Führigkeit bezeichnet) nichts zu tun. Diese Eigenschaften liegen ihm in den Genen. Sie müssen allerdings frühzeitig bestätigt werden, damit sie erhalten bleiben. Armer Vizsla, dessen Besitzer den Blickkontakt des Hundes nicht erwidert.

Gut sozialisiert

Der frischgebackene Halter sollte seinen Kleinen in einer Welpenschule sozialisieren und ihn möglichst frühzeitig und in entspannter Atmosphäre mit den verschiedenen Lebenssituationen konfrontieren – dabei sollte der Schwerpunkt auf Situationen gelegt werden, die künftig im Alltag des Hundes eine besondere Bedeutung bekommen werden. So wird ein Vizsla, der jagdlich

Ein Jagdhund, auch für Nichtjäger

Die Eigenschaft des Magyar Vizslas, ständig Führerkontakt zu halten, also in regelmäßigen Abständen von sich aus Blickkontakt aufzunehmen, lässt einen mit ruhigem Gewissen sagen: Dieser Jagdhund ist auch wunderbar für die Haltung in Nichtjägerhand geeignet – vorausgesetzt, man kümmert sich entsprechend um seinen Hund, reagiert auf ihn, fordert und fördert ihn und akzeptiert bei der Erziehung und Beschäftigung das rassetypische Wesen.

Das Goldstück mit dem sanften Wesen

Nicht nur draußen wird der Magyar Vizsla viele Ihrer Gewohnheiten verändern, auch im Haus könnte sich mit einer solchen schmusesüchtigen Spürnase so einiges an Ihrem Lebensstil wandeln. Leiden Sie unter kalten Füßen? Ein Vizsla begleitet Sie gern als Wärmflasche ins Bett. Sie sollten sich jedoch keine Hoffnungen auf warme Füße machen: Dieser Hund begnügt sich nicht mit einem Platz am Fußende des Bettes. Ein Vizsla will sich eng anschmiegen, sich an Ihren Bauch kuscheln und großflächig auf Tuchfühlung gehen. Dieses innige Kontaktbedürfnis ist jedem Hund dieser Rasse ein tief verwurzeltes Bedürfnis – egal ob er im täglichen Jagdeinsatz steht oder als Familienhund gehalten wird und ob er ein kurzes Haarkleid trägt oder ein drahtiges, am besten mollig warm und zugedeckt. Gönnen Sie Ihrem Hund solche Eskapaden. Schmunzeln Sie darüber, denn es hat nichts mit Verzärteln zu tun: Ein Vizsla braucht so etwas für sein Wohlbefinden – zumindest gelegentlich. Erkundigen Sie sich spaßeshalber bei der Jägerschaft, und Sie werden staunen, wie viele der rein jagdlich geführten Vizslas Couch oder Bett mit Herrchen oder Frauchen teilen.

Konsequenz ist gefragt

Manchmal kann ihre Anhänglichkeit, diese „Vizsla-eigene" zudringliche Liebenswürdigkeit und das starke Kontaktbedürfnis auch lästig werden. Dann heißt es, den Hund mit Nachdruck auf Abstand zu halten.

Sie müssen dabei überzeugend wirken – sonst klappt es nicht. Vizslas haben nämlich auch eine unglaublich feine Antenne für menschliche Regungen und dafür, ob dahinter Entschlossenheit steht oder nicht. Wir müssen das, was wir ihnen sagen, auch wirklich wollen, sonst glauben sie uns nicht – und handeln auch nicht danach. Diese Hunde nehmen wesentlich mehr von unseren unterschwelligen Botschaften wahr als manch anderer Vierbeiner. Konsequenz überzeugt sie allerdings, selbst in freundlichem Flüsterton. Bei einem Vizsla braucht man nicht laut zu werden. Er hört auch auf leise Signale und registriert Blicke, Gesten und Bewegungen sofort. Schon den kleinen Welpen sollte man an diesen sanften Umgangston gewöhnen, damit er nicht abstumpft. Handzeichen, kleine Gesten, eine leise Stimme und ein freundlicher Tonfall erhöhen seine Aufmerksamkeit und Konzentration und erleichtern ihm das Lernen.

Dabei sein ist alles

Dass eine Hundepersönlichkeit mit diesen Neigungen das Alleinsein nur schwer verkraftet, bleibt nicht aus. Ein Vizsla will als Partner verstanden werden und überall dabei sein. Er will seinen Menschen begleiten, egal wohin es geht. Das Wichtigste ist, stets mitmischen zu können – was bei seinem freundlich-fröhlichen und unkomplizierten Grundcharakter nur äußerst selten Probleme aufwirft. Ein Vizsla will seinen Menschen aber nicht nur begleiten, oft entsteht der Eindruck, als wolle er auch für ihn da sein.

ES SIND SEINE AUGEN, DIE
HINGEBUNGSVOLLEN, VOR
BEGEISTERUNG SPRÜHENDEN
BLICKE, DIE DIESEN HUND
SO BEZAUBERND MACHEN.

Elli Adler;
Vizslahalterin mit „Leib und Seele, Herz und Verstand"

Seelentröster und Friedensstifter

Vizslas haben ein auffallend gutes Einfühlungsvermögen und reagieren sehr sensibel auf Stimmungen: Noch bevor die erste Träne aus dem Augenwinkel ihres Besitzers kullert, stehen sie schon zum „Trösten" bereit. Das ist offen gestanden eine unglaublich anrührende Eigenschaft dieser wundervollen Hunde, eine Eigenschaft, die sie übrigens auch untereinander an den Tag legen. Vizslas, die in einem Rudelverband leben, sind auch ihren Artgenossen gegenüber empfindsam. Regelrechte Peacemaker gibt es unter ihnen, die scheinbar nur in Eintracht miteinander umgehen mögen, und die alles dafür geben, dass alle Mitglieder die Rangordnung und die gängigen Regeln strikt befolgen – nur, um Zwist und schlechte Stimmung zu vermeiden. Es scheint für diese Tiere fast unerträglich, zu spüren, dass dem anderen unbehaglich zumute ist.

Exkurs
Torkos und Lenya

Unsere junge Drahthaar-Hündin reagiert auf ein spezifisches Geräusch, mit dem sie offensichtlich schlechte Erfahrungen gemacht hat, mit großer Unsicherheit und verkriecht sich unter der Eckbank. Torkos, unser Kurzhaar-Rüde, kennt in dieser Situation keine Furcht und setzt alles daran, Lenya aus der Reserve zu locken. Mit Charme und allerlei Faxen, die er mit Grunzlauten untermalt, hopst er so lange vor der Hündin auf und ab und stupst sie an, bis sich deren Spannung löst und sie wieder aus ihrem Versteck gekrochen kommt. Dann folgt meist eine wilde Spielrunde, in der sich die beiden freundschaftlich balgen und verfolgen, bevor sie sich zu einem gemeinsamen Nickerchen in ihrem Korb zusammenrollen – natürlich nicht, ohne sich erst sanft im Gesicht und am Hals beknabbert zu haben.

Angenehmer Hausgenosse

Draußen auffallend lebhaft und bewegungsfreudig, verhalten sich Vizslas im Haus, sofern sie ausgelastet sind, ausgesprochen ruhig und ausgeglichen. Man könnte meinen, sie wären gar nicht da. Außer einem gelegentlichen Schnarchen ist nichts von ihnen zu hören. Doch wehe, man möchte das Haus verlassen – sei es auch nur der Gedanke daran. Mit einem Mal reckt und streckt es sich in jedem Hundekorb. Das gesamte Rudel (sofern man eins besitzt) kommt in Wallung und belagert schwanzwedelnd die Haustür. Sobald sich die Tür öffnet und das „Go" ertönt, drängeln sie ungebremst nach draußen.

Schlechtwetter-Muffel

Regen mag der Vizsla weniger. Er geht in jedem Schlammloch schwimmen, planscht nach Herzenslust im Fluss und apportiert stundenlang aus eiskaltem Wasser, aber bei Nieselregen vor die Tür zu gehen, ist schon ein bisschen viel verlangt. Es sei denn, der Vierbeiner hat Wichtigeres im Sinn – etwa einer Schleppe folgen. Dann wird das wasserscheue Weichei sofort zum wetterfesten Jagdhund.

Schlafgewohnheiten

Ist der Vizsla von erlebnisreichen Entdeckungstouren ins Wohnzimmer zurückgekehrt, schätzt er es, fest eingekringelt in einem möglichst riesigen, weich gepolsterten Korb zu ruhen oder, je nach Raumtemperatur, relaxt ausgestreckt mit Kopf und Extremitäten weit über dessen Ränder ragend, sich stundenlang dem Nichtstun hinzugeben. Auch zu mehreren genießen Vizslas es, zu dösen – am liebsten dicht an dicht, mit ganz viel Körperkontakt. Ein bequemer, vorzugsweise rhythmisch wippender Fernsehsessel oder ein kuscheliges Kopfkissen im

Bett oder auf dem Sofa werden auch gern angenommen. Man liegt aber auch, falls nötig, selig schlummernd auf einem harten, unbequemen Kunststoffstuhl, den Kopf währenddessen mit dem Nacken rückwärts über die Rückenlehne gekippt ... Vizslas eben!

Unausgelastete Quälgeister

Ihre Gelassenheit zeigen Vizslas allerdings nur, wenn sie ausgelastet sind. Unterbeschäftigt können sie zur Plage werden. Ihr Quengeln wird schnell unangenehm und penetrant. Eine rasche, durchschlagende Änderung lässt sich nur durch mehr Beschäftigung und zum Beispiel viele Kontakte zu Artgenossen erzielen. Vizslas sind nämlich auffallend verträglich mit anderen Hunden. Sie werden sehen: Zwei- wie vierbeinigen Anschluss finden sie spielend.

Sich anpassen und gefallen wollen

Magyar Vizslas fügen sich meistens problemlos in eine bestehende Gemeinschaft ein – egal ob es sich dabei um ein reines Menschenrudel handelt oder um ein gemischtes. Ein Vizsla liebt die Nähe zu anderen Lebewesen und fasst rasch Vertrauen. Außerdem folgt er schnell sämtlichen Alltagsroutinen und toleriert – sofern sich sein Halter genügend Mühe gibt – Katzen und andere Haustiere (kleine Heimtiere wie z. B. Goldhamster zählen nicht dazu). Es gelingt dem leidenschaftlichen Jagdhund sogar, anzuzeigen, wenn mit den ihm anvertrauten tierischen Familienmitgliedern und dem normalen Prozedere um sie herum etwas nicht stimmt.

Exkurs
Torkos und die Kaninchen

Unser siebenjähriger Rüde, der bei jeder Fütterung der Kaninchen mitmischt und stets darauf bedacht ist, dass keines der Langohren seine Behausung verlässt, rannte neulich immer wieder jaulend von der Stallung zu mir ins Haus und wieder zurück, bis ich ihm folgte und sah, dass eine Stalltür sperrangelweit offen stand und die Mümmelmänner gerade zu ihrer ersten Outdoor-Exkursion aufbrachen. Dieses Verhalten ist umso beeindruckender, wenn man bedenkt, dass er noch vor einem Jahr Kaninchen „zum Fressen gern" hatte und ihnen nachjagte, wo er nur konnte. Torkos erkannte bald, dass es sich lohnt, die Tiere nur zu beobachten. Denn dafür wurde er gelobt. Noch heute verbringt er viel Zeit damit, in typischer Vorstehermanier zu verharren, wenn die Hasen im Freigehege sind. Spricht man ihn dann freundlich an, lässt er sich leicht abrufen.

Kein Hund für raue Sitten

Dass ein Magyar Vizsla so reagiert, liegt zum einen an seiner ernsthaften Bereitschaft, sich eingliedern und anpassen zu wollen, aber auch daran, dass er äußerst feinfühlig ist und durch sein Verhalten gefallen möchte. Unterwürfige demütige Hingabe wie Kadavergehorsam darf man von einem Vizsla jedoch nicht erwarten, schließlich wurde er dafür gezüchtet – trotz der nötigen Arbeit im Team –, seine Eigenständigkeit nicht aufzugeben. Völlige Ergebenheit erzwingen zu wollen, womöglich durch rüde Behandlung und einen rauen Tonfall, funktioniert nicht. Selbst die wesensfestesten unter ihnen vertragen weder Ungeduld noch Härte und laute Worte. Ihre erste Reaktion darauf ist Hektik, die sich von Mal zu Mal steigert. Bei dem einen oder anderen Hund kommen sogar Durchfallerkrankungen oder allergische Reaktionen wie Ausschläge hinzu. Sollte der Stress anhalten, verlieren die meisten Vizslas allmählich ihre Unbekümmertheit und Lebensfreude. Die Tiere werden von Tag zu Tag unsicherer, bis sie am Ende sogar Angst- und Meideverhalten zeigen und von freudiger Zusammenarbeit keine Spur mehr übrig ist.

Toleranz auf beiden Seiten

Leider müssen – vor allem im Jagdalltag – noch viele dieser sensiblen Hunde allzu barsche Umgangsformen über sich ergehen lassen. Denn immer noch ist nicht in den letzten Winkel vorgedrungen, wie sensibel Vizslas sind und um wie vieles besser es ist, sie mit Lob und positiver Bestärkung zu erziehen und auszubilden, anstatt mit einem Sammelsurium an antiquierten Drillmethoden auf sie einzuwirken. Vollkommen ungerecht und unangemessen wäre es jedoch, nun die Jägerschaft pauschal an den Pranger zu stellen. Nur Unkundige reagieren in dieser Weise und schüren damit (gern auch bewusst) den Zwist zwischen Jägern und Nichtjägern. Sofern er sich die Mühe macht und hin und wieder diverse Jagdveranstaltungen besucht, wird jeder Interessierte leicht erkennen können, wie einfühlsam heutzutage gerade die Jüngeren unter den Jägern mit ihren vierbeinigen Jagdbegleitern umgehen. Es ist eine Freude zu sehen, mit welcher Begeisterung ihre Vizslas arbeiten und mit welcher Hingabe und Sachkenntnis Herrchen und Frauchen sie motivieren und zu jagdlichen Höchstleistungen bringen. Und wenn Sie einmal ganz genau hinschauen, werden Sie sehen, dass sogar unter den Siegerhunden der schwierigsten Jagdprüfungen auch Tiere mit unkupierter Rute mitmischen. Auch bei diesem Aspekt („Ein Vizsla, der im Jagdeinsatz steht, muss zwingend an seiner Rute teilkupiert werden") kommt man sich allmählich näher.

Es bleibt zu hoffen, dass sich dieser Trend fortsetzt und schon bald sowohl Jäger als auch Nichtjäger geschlossen an einem Strang ziehen werden: zum Wohle der Vizslas.

Nichtsdestotrotz müssen auch all diejenigen umdenken, die glauben, ein rauer Führungsstil wäre das alleinige Übel, das einer Mensch-Vizsla-Beziehung Schaden zufügen würde.

„DER VIZSLA IST ÄUSSERST SENSIBEL UND BEGREIFT SCHNELL. SELBST BEI DER JAGDAUSÜBUNG REICHT SCHON EIN FINGERZEIG, IM GEGENSATZ ZU MANCH ANDERER RASSE. ICH NEHME NICHT MAL MEHR EINE HUNDEPFEIFE MIT."

Jürgen Osterbrink, Züchter und Hundeführer

Eine antiautoritäre Umgangsform kann dies auch. Ein Magyar Vizsla muss wissen, was er darf und was nicht – egal, ob er als Jagdgebrauchshund arbeitet oder nur jagdsportliche Aufgaben hat. Er kann die geltenden Richtlinien aber nur einhalten, wenn er sie kennt. Kennenlernen kann er sie nur, wenn man ihm rechtzeitig eine faire Chance gibt, die Unterschiede ausfindig zu machen und zu erfassen. Es gibt dem Vierbeiner die Möglichkeit, seine ihm zugedachte Rolle zu finden und zu übernehmen. Gleichzeitig legt man den Rahmen fest, in dem er sich künftig frei entfalten darf.

Hier ist der Vizsla in seinem Element: Wenn er über die Wiese flitzen und Aufgaben lösen kann, ist er glücklich und zufrieden.

Der Allrounder im Jagdalltag

Nicht nur als reiner Familienhund wird der Magyar Vizsla von Jahr zu Jahr beliebter. Auch in der Jägerschaft gewinnt er ständig neue Anhänger. Vor nicht allzu langer Zeit noch als Sensibelchen belächelt, hat man mittlerweile seine einzigartigen jagdlichen Qualitäten erkannt und lieben gelernt. Woran das liegt? Der Vizsla ist kein Hund für jedermann. Nur wer mit dem empfindsamen Vierbeiner behutsam umgeht und wer bereit ist, ihn so wertzuschätzen, wie er sich seinem genetischen Potenzial entsprechend präsentiert, kann mit einem Magyar Vizsla erfolgreich auf die Jagd gehen und Freude daran haben.

Dynamische Spätzünder

Der Vizsla ist Energie pur, Dynamik in Reinform, robust und dennoch elegant. Er hat eine ausgeprägte Jagdleidenschaft, ist auffallend gelehrig und lässt sich – stellt man es liebevoll-konsequent an – ungewöhnlich rasch jagdlich ausbilden. Dennoch muss man wissen, dass Magyar Vizslas Spätentwickler sind, was bedeutet, dass sich einzelne ihrer Wesenszüge oder Verhaltensweisen erst nach und nach einstellen. Sichtlaut werden sie meist erst dann, wenn sie Übung darin haben. Das bedeutet, man muss die Hunde gezielt in die entsprechenden Situationen gebracht haben, bevor man ihnen dieses Verhalten abverlangen kann. Auch sicheres Vorstehen zeigen sie erst nach und nach, ebenso zielstrebiges Revieren oder das beharrliche Ausarbeiten einer Duftspur.

SEINE ABSOLUTE
STÄRKE IM JAGDLICHEN
GEBRAUCH IST SEINE
ZUVERLÄSSIGKEIT!

Ingeborg Caminneci;
Jägerin und Züchterin von Drahthaarvizslas

Eifrig und mit wachen Sinnen auf der Suche ...
... hat er gefunden, bringt der Vizsla die Beute stolz und
mit viel Elan heran.

Mit Sicherheit auf der richtigen Spur

Ob bei der Feld-, Wald- oder Wasserjagd: Der Vizsla arbeitet sowohl vor als auch nach dem Schuss mit viel Leidenschaft, flink und zuverlässig. Er zeigt große Spur- und Fährtensicherheit sowohl bei der Hoch- als auch bei der Niederwildjagd. Darüber hinaus ist er außergewöhnlich ausdauernd. Selbst bei großer Hitze bleibt er mit Passion bei der Sache – ein Windhund-Erbe. In eiskaltem Wasser hält es vor allem der Drahthaar-Vizsla lange aus. Doch auch in der Kurzhaarversion lässt sich dieser Vierbeiner nicht lumpen: Einem Vizsla geht so gut wie nie ein Wassergeflügel verloren. Denn auch im Wasser beweisen die Hunde ihren Elan, ihre Fährtensicherheit und ihre Geschicklichkeit. Sie stöbern beharrlich und treiben das Federwild selbst im dichten Schilf unbeirrt, so lange, bis der Jäger zum Schuss kommt. Anschließend folgt ein energischer Schwimmspurt ... Der Vogel wird aufgenommen und anschließend am Ufer abgegeben.

Apportieren aus Leidenschaft

Diese Apportierbegeisterung zeigen Magyar Vizslas auch an Land. Ohne Zaudern schleppen schon die Kleinsten – haben sie erst einmal begriffen, dass sein merkwürdiger Geruch nicht bedrohlich ist – selbst einen Fuchskadaver herbei. Federflaum im Mäulchen zu haben, gefällt ihnen anfangs nicht besonders, aber mit der Zeit bringt der Dreikäsehoch sogar geschossene Tauben freudig heran. Die sehr guten genetischen Anlagen, die ein Vizsla für das Apportieren in sich trägt, müssen allerdings reifen und bereits beim Welpen spielerisch gefördert werden, damit sie sich später entfalten können (siehe Seite 130). Vielen Vischels, egal ob sie regelmäßig Wild, Dummys oder Spielzeug apportieren dürfen, ist es ein Bedürfnis, zur Begrüßung ihres Zweibeiners nicht mit leerem Fang zu erscheinen. Sie hüpfen erst einmal fort, um sich das nächstbeste Bringsel zu schnappen, das sie dann stolz herbeitragen. Nun folgt ein großes Lob!

Schwere Jagdbeute wie dieser Fuchsrüde erfordern Kraft. Doch der Magyar Vizsla ist ein äußerst verlässlicher Apporteur.

Früh übt sich

Perfektion in dieser Disziplin erarbeitet man übrigens ab dem Junghundalter, wenn der Vierbeiner einen gewissen Level an Wesenssicherheit erreicht und sich ein stabiles Vertrauensverhältnis zwischen Mensch und Hund entwickelt hat. Den Vizsla zunächst das erste Lebensjahr überschreiten zu lassen, um ihm dann mit viel Mühe und womöglich einer ordentlichen Portion Zwang korrektes Festhalten und Bringen einer Beute beizubringen, sollte der Vergangenheit angehören.

Erste Weichen stellen

Die Weichen für das „feste Vorstehen" werden bereits in den ersten Lebenswochen des kleinen Vizslas gestellt. Das Spiel mit einer Reizangel kann wahre Wunder wirken (siehe Seite 126). Auch an das Wasser gewöhnt man die Kleinen schon jetzt. Dabei sollte man sehr behutsam vorgehen und seinen Vierbeiner bei den ersten Ausflügen ins kühle Nass sogar ein Stückchen begleiten oder ihm einen erfahrenen Artgenossen an die Seite stellen. Denn das spornt an und vermittelt Sicherheit. Selbst das Apportieren aus dem Wasser lässt sich bereits spielerisch üben (siehe Seite 141). Darüber hinaus fällt die Umweltsozialisation des Welpen in diesen Zeitraum, ebenso das Heranführen an Wild aller Art, nicht zuletzt, weil damit die für die jagdliche Arbeit unabdingbare Wildschärfe gefördert wird.

Wildschärfe

Unter Wildschärfe – die beim Vizsla als sehr gut kontrollierbar gelobt wird – versteht man, dass der Hund bei der Nachsuche angeschossenes Niederwild wie Hasen tötet, bevor er es apportiert, und zum Beispiel verletztes flüchtendes Rehwild an der Kehle niederzieht, stellt oder anhaltend verbellt, es also so lange unter Kontrolle hält bzw. anzeigt, bis der Jäger da ist, um den Fangschuss zu setzen.

Geduldig abzuwarten, ist nur eine seiner Stärken ...
... das flotte Revieren liegt ihm ebenso sehr ...
... wie das konzentrierte Anpirschen.
Auch bei der Nachsuche wird er eingesetzt.

Nachsuchen und Drückjagden

Ein erwachsener Vizsla ist auch (ohne spurlaut zu sein) in der Lage, angeschossenes Hochwild wie Rotwild oder Wildschwein nachzusuchen und zu stellen. Gewöhnlich werden für die Nachsuche auf Sauen andere Jagdhundrassen herangezogen, meist kleinere, die den gefährlichen Beutetieren besser ausweichen können als ein Magyar Vizsla.

Bei Drückjagden beispielsweise, bei denen zwar auch gezielt großes Schalenwild bejagt wird, werden Vizslas doch eingesetzt – weil sie sich relativ nah beim Treiber oder dem Durchgeh-Schützen aufhalten und das zu jagende Wild nur in Bewegung bringen, ohne es zu hetzen, und weil sie „vor" dem Schuss arbeiten, es also nicht mit dem verletzten Wild zu tun haben.

Bringsel-Verweiser

Als sogenannten Bringsel-Verweiser kann man den apportierfreudigen Vizsla ebenfalls ausbilden, denn hierbei lässt sich getrost auf das Lautgeben verzichten. Am toten „Stück" angelangt, muss der Hund statt zu bellen das kleine an seinem Halsband baumelnde Apportel in den Fang nehmen und schnellstmöglich zum Jäger laufen, um ihm damit zu signalisieren, dass er ein verendetes Stück Wild entdeckt hat, zu dessen Aufenthaltsort er ihn führen wird.

Selbstständig und doch lenkbar

Bei der Suche unter der Flinte und in freiem Gelände jagt ein Vizsla zwar relativ weiträumig, aber dennoch in einem kleineren Radius als dies andere Vorstehhunderassen tun. Er hält engen Führerkontakt, arbeitet lieber an der Seite seines Menschen und bleibt deutlich näher in dessen Einflussbereich als etwa Pointer und Setter. Dabei zeigt er eine systematische Quersuche, sucht die Fläche also selbstständig in einer Art Zickzackmuster ab, wobei er den Bereich der Flintenschussdistanz in der Regel nicht verlässt. Anders als bei der Fährtenarbeit auf der Schweißspur, wo er seine empfindliche Nase dicht über dem Boden einsetzt, arbeitet er währenddessen meist mit höherer Nase, um das Wild zu finden. Weil er – für seine Rasse typisch – häufig Blickkontakt aufnimmt, lässt er sich bei der Arbeit leicht lenken und durch Sichtzeichen, aber auch durch Hörsignale wie Stimme oder Pfeife einweisen, das heißt in eine von seinem zweibeinigen Begleiter vorbestimmte Richtung dirigieren (s. S. 138).

Zum Vorstehen geboren

Bemerkt der Vizsla etwas Spannendes, nimmt er seine Nase hoch, verharrt in seiner Bewegung und wirkt nun wie erstarrt. Gleichzeitig strafft sich sein Körper, dabei hält er die Rute horizontal und hebt einen Vorderlauf etwas an. Alle Sinne sind jetzt auf die Quelle seines Interesses fixiert: Der Vizsla „steht vor". In welcher Entfernung er das Vorsteh-Verhalten zeigt, ist individuell sehr verschieden und wird auch vom Trainingsstand mitbestimmt. Ob er „fest und sicher", wie es im Jagdjargon heißt, vorsteht, zeigt sich im nächsten Moment. Wird er jetzt eigenmächtig „einspringen" und das Wild

hochmachen, es also auf- und möglicherweise vor sich herscheuchen, ohne die Erlaubnis dafür bekommen zu haben? Die Anlagen, es nicht zu tun, besitzt ein Vizsla in hohem Maße. Trotzdem macht auch hier erst die Übung den Meister (siehe Seite 119).

Anschleichen

Ein Vizsla – und das ist wiederum typisch für seine Rasse – setzt dem Wild nur wenige Meter nach, wenn überhaupt. Überaus selten tut er es in einem kurzen Sprint. Im Gegenteil: Hat er es durch Vorstehen angezeigt, geht er nun auffallend bedächtig vor: In leicht geduckter Körperhaltung und mit angespannter Muskulatur folgt er schleichend. „Nachziehen" nennt man das. Dabei setzt er, wie im Zeitlupentempo, eine Pfote nach der anderen behutsam auf den Boden. Sobald das Wild verharrt, verharrt auch er – erneut in der charakteristischen Vorsteherpose. Bewegt sich das Wild wieder, folgt er ihm wieder ein Stückchen. Dieses Verhaltensmuster setzt sich so lange fort, bis sich der Mensch zu Wort meldet. Entweder indem er nun das Wild erlegt, oder indem er ruhig zu seinem Hund geht, selbst das Wild aus der Deckung heraustritt und es erlegt, oder auch,

indem er seinen Vierbeiner auffordert, das Stück (z. B. Flugwild) „aufzumachen", also hochzutreiben, damit es in Schusslinie gerät.

Geduldig abwarten

In solchen Momenten ist der Gehorsam des Vierbeiners gefragt: Wird er nach dem Hochwerden des Flugwilds hinterherrennen? Ein gut eingearbeiteter Vizsla wird es nicht tun. Er wird sich nicht mehr von der Stelle rühren. Er wird stehen bleiben oder sich ablegen, ganz so, wie er es gelernt hat – nicht zuletzt zu seinem eigenen Schutz. Nicht auszudenken, was passieren könnte, würde er durch Ungehorsam in die Schusslinie des Jägers geraten …

Vizslas werden oft dafür gelobt, trotz ihres sprühenden Temperaments geduldig abwarten zu können, bis ihr Einsatz gefragt ist. Nach dem Aufspüren und Vorstehen wartet immerhin noch eine lohnende Aufgabe auf sie: das Apportieren. Sobald sie den Fingerzeig dazu bekommen, dürfen sie lospreschen, um die geschossene Beute zu holen …

Der Vorstehhund – restlos auf seine Arbeit konzentriert: Wild finden, nachziehen und festes Vorstehen zeigen, ist für gut ausgebildete Vizslas eine Selbstverständlichkeit.

REIK ELSNER UND CLAAS
NIEHUES (BEIDE FALKNER)
SCHÄTZEN DEN VIZSLA
WEGEN SEINES RUHIGEN
BEDACHTEN WESENS UND DER
UNMERKLICHEN KOMMANDOS
WEGEN, MIT DENEN ER BEI
DER JAGD MIT DEM GREIF ZU
STEUERN IST.

HALTUNG

Überlegungen vor dem Kauf

Passt ein Magyar Vizsla zu Ihnen?

- Haben Sie und Ihre Familie Zeit und Hundeverständnis für den Vischel?
- Bekommt er Kontakt zu anderen Hunden?
- Haben Sie genügend Platz?
- Sind die Kinder reif für den Hund?
- Darf der Vizsla mit in den Urlaub?
- Muss er nicht lang allein bleiben?
- Können Sie ihn bis an sein Lebensende auslasten und versorgen?
- Reichen die Finanzen?

Bedenken Sie

- Der Vizsla ist nicht als Schutzhund geeignet, prädestiniert als Jagd(begleit)hund. Jagdlich als Allrounder geführt. Nicht spurlaut. Empfindsam; verträgt keine lauten und rohen Umgangsformen.
- Er ist äußerst begeisterungsfähig, bewegungsfreudig und verschmust. Muss bis ins hohe Alter gefördert und rassegerecht beschäftigt werden, damit er ausgelastet ist und gesund bleibt.
- Ein Vizsla braucht den regelmäßigen Umgang mit seinesgleichen.
- Sehr menschenbezogen, für Zwingerhaltung völlig ungeeignet. Hinterlässt Spuren in der Wohnung, zum Beispiel während des Fellwechsels.
- Der Hund muss von allen gewollt werden. In Erziehungsfragen soll Einigkeit herrschen. Rücksichtnahme und Kompromissbereitschaft sind gefragt.
- Ein Welpe ist kein Spielzeug! Kleinkinder nie unbeaufsichtigt beim Hund lassen.

- Der Vizsla will immer bei seinem Menschen sein. Trennung bedeutet Stress. Gibt es in Ihrer Nähe jemanden mit Vizsla-Erfahrung, der Ihren Hund betreuen kann, sollten Sie ihn einmal nicht mitnehmen können?
- Nicht länger als vier Stunden allein lassen. Sehr behutsam ans Alleinbleiben gewöhnen.
- Ab etwa acht Jahre ist der Vizsla ein Senior: Ernährungs- und Haltungsansprüche ändern sich, seine Sinnesorgane verlieren an Leistungskraft, er wird krankheitsanfälliger.
- Anschaffungskosten ca. 600–1 000 Euro, jährlicher Unterhalt ca. 1 000 Euro;
- weitere nicht vorhersehbare Kosten, zum Beispiel im Krankheitsfall.

Haben Sie alle Fragen gründlich überdacht und sind zu dem Schluss gekommen, dass Sie alle Einschränkungen Ihrer persönlichen Freiheit immer in Kauf nehmen werden und unter keinen Umständen auf das Zusammenleben mit einem Magyar Vizsla verzichten wollen, können Sie sich jetzt die Detailfragen stellen.

Ob als Welpe oder als Erwachsener: Jeder stellt seine individuellen Ansprüche, entfaltet aber auch seine ganz eigene Ausstrahlung.

Der Vizsla kommt ins Haus
Welpe oder älterer Hund?

Ein Welpe muss zur Stubenreinheit erzogen werden, und das geht nicht von heute auf morgen. Danach folgt die Zeit des Zahnwechsels, während der ein Junghund alles Erdenkliche anzukauen und zu zerbeißen versucht. Doch das gehört zur Welpenentwicklung. Gleichzeitig haben Sie die einmalige Gelegenheit, den jungen Vierbeiner von Anfang an liebevoll, aber konsequent an die geltenden Spielregeln zu gewöhnen und die Weichen für seine Zukunft zu stellen: Denn Sie können bereits früh auf all diejenigen Aspekte, die in Ihrem persönlichen Umfeld von Bedeutung sind oder für den späteren Einsatz Ihres Vizslas wichtig werden könnten, Schwerpunkte setzen.

Ältere Vierbeiner

Bei einem älteren Hund ist das nicht mehr so einfach und vor allem nicht mehr nur ausschließlich spielerisch möglich. Etwas mehr Nachdruck ist meistens erforderlich.

Wenn der Hund im Welpenalter eine gute Prägung erfahren hat und ausreichend sozialisiert wurde, dürfte aber auch die Übernahme eines schon etwas älteren Vizslas keine ernst-haften Probleme mit sich bringen. Insbesondere dann nicht, wenn er seine Pubertäts-phase – die ungefähr vier Monate dauert und um den zehnten Lebensmonat herum beginnt – bereits hinter sich hat und aus dem Flegelalter heraus ist und wenn er in seinem früheren Leben keine allzu schlechten Erfahrungen im Umgang mit Menschen machen musste. Ein erwachsener oder älterer Vizsla (etwa aus dem Tierheim oder vom Tierschutz) wird seine Ecken und Kanten haben, auf die Sie nur wenig Einfluss nehmen können. Solch ein Hund aus zweiter Hand wird aber mit Sicherheit alles daransetzen, Ihnen zu gefallen, um bleiben zu dürfen.

Zum Wohle des Vizslas

Es gibt unzählige Vizslas, die ein neues Zuhause suchen, hierzulande wie im nahen Ausland, und ebenso viele Tierschutz-organisationen, die sich um deren Wohl-ergehen bemühen. Jede dieser gepeinigten Seelen in einem liebevollen neuen Zuhause ist eine gerettete Seele. Das steht außer Zweifel. Trotzdem sollte man bedenken, dass diese Tiere oft unsägliches Leid ertragen mussten, was ihnen auch zeitlebens in Erinnerung bleibt und sie im Umgang durchaus etwas schwieriger machen kann, als dies bei einem Vizsla üblich ist. Ausgesprochen einfühlsame Halter, die schon etwas Erfahrung haben, sind hier meist weniger gefordert als vollkommene Vizsla- oder gar Hundeneulinge.

Exkurs
Ein Vizsla aus zweiter Hand
Mein Hund vom Tierschutz

Wie alles begann …

Samstag, 5. Juli 2008, Passau Treffpunkt, 12.30 Uhr: Ein Fahrzeug mit ungarischem Kennzeichen fährt vor. Drinnen zwei junge Menschen und zwei große Hundetransportboxen. Das Auto hält an, ein freundlicher Ungar steigt aus, öffnet den Kofferraum und eine der Boxen. Ein rehbraunes, spindeldürres Powerpaket drängt hervor. Schnell wird eine verschlissene Hundeleine an sein Halsband geklickt und mir in die Hand gedrückt. Bevor ich noch ein paar Worte sagen kann, zieht mich der Vierbeiner mit einem Ruck von dannen.

Torkos zerrt mich hinter sich her über den Parkplatz. Erregt beschnüffelt er den Boden unter seinen Füßen, die Wiese, den Asphalt. Und dass ihn eine wildfremde Frau begleitet, bemerkt er gar nicht. Er zieht voran, pinkelt, scharrt, möchte weiter. Ich folge ihm. Das ist das Einzige, was ich in dieser aufregenden Situation für meinen neuen Vierbeiner tun kann. Ganz automatisch spule ich meine sonst bewährten Ablenkungsmanöver ab, um den Hund auf mich zu konzentrieren. Nicht die geringste Chance.

Da ist ein anderer Hund, der sich wild gebärdet und Torkos ankläfft. Der lässt sich nicht beirren und zerrt schnüffelnd weiter.

Irgendwie schaffe ich es, Torkos wieder zum Wagen der Ungarn zu bugsieren, um mir seine Papiere abzuholen und die nötigen Formalitäten zu besprechen. Schnell ist alles geklärt, Halsband und Leine gewechselt und Torkos liebevoll verabschiedet.

Seine sanfte Seite

Und da sehe ich sie zum ersten Mal: die rührend hingebungsvolle Seite meines künftigen Begleiters. Als die zierliche Ungarin Torkos freundlich beim Namen nennt, verharrt er und drängt sich so dicht er kann an den Körper der jungen Frau. Dabei gibt er laut grunzend seinem Gefühl von Wohlbehagen Ausdruck. Jetzt, da etwas Ruhe eingekehrt ist, kann ich auch Details seines Körpers wahrnehmen: Torkos' Augen tränen, er hat Schrammen auf der Haut und riesige Liegeschwielen, nicht nur an den großen Gelenken, sogar unter seinem Bauch. Jede einzelne Rippe ist zu spüren. Ein kurzer Abschiedsgruß an die rührigen Tierschützer, und die Übergabe ist perfekt.

Ich will jetzt nur noch fort von hier, einfach nach Hause. Doch es liegen noch 600

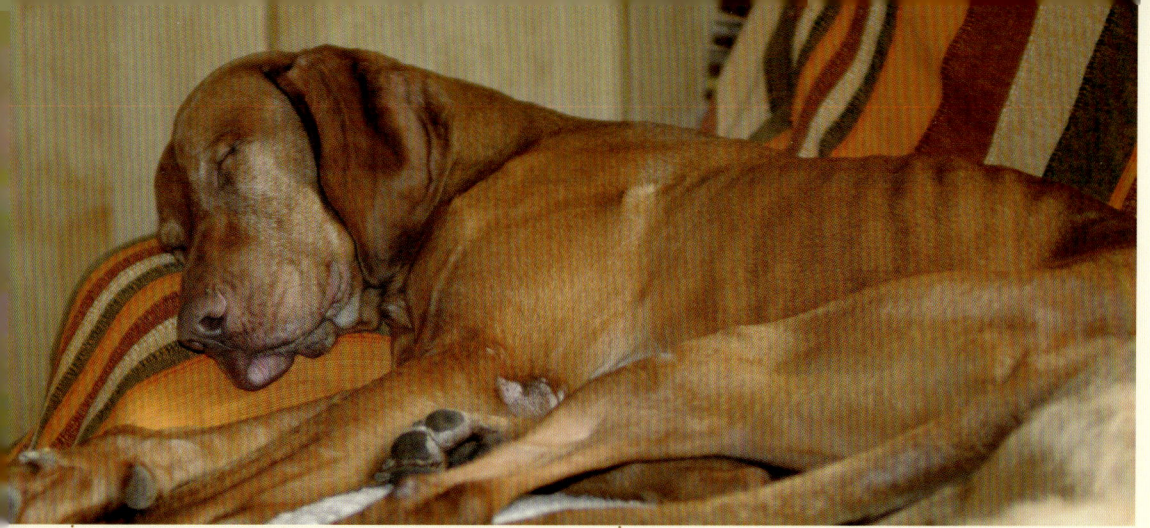

Kilometer vor uns, und es ist brütend heiß. Torkos scheint das nicht viel auszumachen. Er sitzt ruhig und gelassen im Kofferraum und betrachtet die vorbeibrausenden Fahrzeuge. Immer wieder schaue ich mich zu ihm um: Er sitzt nur da und guckt. Ein richtig routinierter Mitfahrer ist dieser Vierbeiner.

Ungewissheit

Viele Fragen beschäftigen mich: Was hat Torkos in seinem Leben erlebt? Bei wem hat er die letzten Jahre verbracht, und wie? Welche Erfahrungen hat er gemacht? Was gefällt ihm, was nicht? Ich kann diese Fragen leider nicht beantworten, werde es niemals können. Dieser Hund wurde in Budapest auf der Straße aufgelesen. Niemand kennt seine Vorgeschichte. Zugegeben: Es zermürbt mich. Ich weiß nicht einmal genau, wie alt er ist. Um die Schnauze herum ist er ziemlich grau, sein Gebiss ist allerdings noch in Topform. Obwohl ich mir alles gründlich überlegt hatte: Dass mich solche Gefühle plagen würden, das war mir vor der Übernahme nicht in den Sinn gekommen. Doch dieser Zustand bessert sich zusehends. Je mehr ich mit Torkos erlebe, je genauer ich ihn kenne, umso weniger interessiert mich das Davor. Ich teste einfach vorsichtig aus, was machbar ist.

Nicht immer einfach

Ganz leicht ist das jedoch nicht. Allein Mitleid für einen Hund mit schlimmer Vorgeschichte zu haben, genügt nicht für seine Übernahme. Da braucht es schon wesentlich mehr: Neben finanziellem Rückhalt für die oft langwierigen Behandlungen sind das vor allem seelischer Beistand, große Geduld und Verständnis, viel Zeit und persönlicher Einsatz. Es reicht nicht, sich dem Hund ein paar Tage zu widmen, um ihn dann täglich acht Stunden allein zu lassen, während man zur Arbeit geht. Gerade Tierschutzhunde können rasch Verlassenheitsängste entwickeln, die sie nicht ohne menschliche Unterstützung in den Griff bekommen. Sie einfach in ein Hunderudel zu verpflanzen, weil sie dann nicht allein sind, ist nicht zu empfehlen.

Ob man es nun mit Dankbarkeit umschreiben mag: Ein Hund aus zweiter Hand hat einen ganz eigenen Charme und seine ganz besondere Art, Zuneigung zu zeigen. Unserer beispielsweise wedelt nicht nur angesichts eines gefüllten Fressnapfes und tänzelt mit abenteuerlicher Dehn- und Streckakrobatik um unsere Beine herum, bis er endlich futtern darf. Er freute sich – zumindest in den ersten Tagen bei uns – in gleicher Weise über Wasser oder ein warmes Kuschelkissen.

In puncto Gelehrigkeit, Arbeitswille, Leistungsfähigkeit und Ausdauer unterscheiden sich Hündin und Rüde nicht, weder bei den kurz- noch bei den drahthaarigen Vizslas. Viel eher gibt es individuelle Unterschiede.

Hündin oder Rüde?

Vizsla-Hündinnen, ob kurzhaarig oder drahthaarig, sind etwas kleiner und feingliedriger als Vizsla-Rüden. Rüden sind kompakter, haben einen größeren und breiteren Schädel und eine tiefere Brust. Bei ihnen bedarf es ab und zu etwas stärkerer erzieherischer Konsequenz, besonders dann, wenn sie sich zu läufigen Hündinnen hingezogen fühlen. Aber auch bei Hündinnen können sich kurz vor, während und einige Wochen nach ihrer Läufigkeit Verhaltensveränderungen bemerkbar machen, die dem Halter Einfühlungsvermögen und Rücksichtnahme abverlangen.

Geschlechtsreife und Läufigkeit

Die Läufigkeit tritt bei Vizsla-Hündinnen in der Regel zweimal im Jahr auf und dauert jeweils ungefähr drei Wochen. Erstmals läufig und damit sexuell aktiv werden sie mit rund zehn Monaten. Es kann allerdings auch bis zu ihrem zweiten Geburtstag dauern. Die Erfahrung zeigt, dass Hündinnen, die in ein bestehendes (Hündinnen-)Rudel integriert werden, meist wesentlich später läufig werden, als einzeln gehaltene Tiere. Zudem synchronisieren Hündinnen, die sich gut vertragen, fast immer ihre Läufigkeiten – nicht selten sogar auf den Tag genau. Bei Rüden macht sich die sexuelle Reife dadurch bemerkbar, dass sie nun nicht mehr im Hocken urinieren, sondern dazu das Bein heben. Vizsla-Rüden zeigen erstes Markierverhalten üblicherweise zwischen dem neunten und elften Lebensmonat.

Kurzhaar oder Drahthaar?

Ein Magyar Vizsla im Drahthaarkleid besitzt im Gegensatz zu einem Kurzhaar-Vizsla eine dichte wasserabweisende Unterwolle und ein etwas längeres, harscheres Fell, was ihn bei der jagdlichen Arbeit insgesamt etwas „wetterbeständiger" und gegen Hautverletzungen unempfindlicher macht. Sein Haarkleid ist eher matt und nicht wie das des UK seidig glänzend, außerdem stets eine Nuance heller. Möchte man sein Fell tadellos trimmen, ist der Pflegeaufwand etwas höher als bei einem Kurzhaarvizsla. (Pflegehinweise finden Sie ab Seite 69.) Obwohl die meisten Ungarisch Drahthaar hierzulande in Jägerhand sind, eignen sich diese Rassevertreter ebenso gut als Familienhunde wie die Ungarisch Kurzhaar – einen adäquaten Arbeitsplatz für die Tiere vorausgesetzt. Dass Drahthaarvizslas derzeit längst nicht so verbreitet sind, liegt einzig an ihrem etwas rustikaleren Erscheinungsbild, das offensichtlich weniger begehrt ist. Doch Modetrends können sich bekanntlich rasch ändern.

Wesensunterschiede

Was ihr Wesen betrifft, sind die beiden Vizsla-Rassen unterschiedlicher, als die ältere Literatur einen glauben machen will. Das bestätigen vor allem diejenigen Besitzer, die beide Rassen halten bzw. sehr gut kennen. So arbeiten die drahthaarigen in der Regel ein wenig bedachter als die kurzhaarigen, und sie sind etwas ruhiger in ihrer Art. Sie sind zwar genauso temperamentvoll, bewegungsfreudig und begeisterungsfähig wie diese,

haben aber weniger den Schalk im Nacken. In den reinen Arbeitslinien findet man diesen etwas hektisch anmutenden Charakterzug des Ungarisch Kurzhaars übrigens kaum.

Drahthaar-Vizslas wirken ernster und ein bisschen berechnender als die Ungarisch Kurzhaar – beim Arbeiten wie in der Freizeit. Sie brennen wie die Kurzhaar-Vizslas darauf, für ihren Zweibeiner die Kohlen aus dem Feuer zu holen, machen dabei allerdings keinen Schritt zu viel. Gelegentlich legen sie einen Tick mehr Eigeninitiative an den Tag und haben manchmal stärkere Dickschädelallüren, jedoch nicht mehr Schneid.

So unterschiedlich können die beiden sein

Nachdem ich eine Arbeitsaufgabe vorbereitet habe, lasse ich Lenya (unsere Drahthaar-Hündin) und Torkos (den Kurzhaar-Rüden)

vor mir sitzen und erkläre ihnen, was sie machen sollen. Vier strahlend helle Augen hängen wie gebannt an meinen Lippen und verfolgen mit Spannung meine Mimik und jede meiner Gesten. Lenchen tut dies im bequemen Sitzen, ihre Rute klopft auf den Boden. Die Ohren trägt sie interessiert nach vorn gekippt. Torkos kann sich kaum im SITZ halten. Er schwebt förmlich über dem Untergrund. Seine Hinterhand bebt, der Speichel trieft. Mit der heftig peitschenden Rute wischt er den Boden blitzeblank.

Lenchen scheint sich über alle Botschaften gewissenhaft Notizen zu machen, geht die Route schon einmal im Kopf durch, hinterfragt den Sinn meiner Anweisungen. Torkos saugt jedes Wort, jede Geste in sich ein. Nie käme es ihm in den Sinn, anzuzweifeln, dass ich recht habe. Er will bloß los; alles andere wird sich finden. Dann das Go.

1–3 *Mit Geduld, Konsequenz und liebevoller Behandlung
kommt man schnell und sicher ans Ziel.*
4–6 *Nur ein ausgelasteter Vizsla ist ein ausgeglichener
Vizsla.*

Torkos stürmt davon – irrsinnig schnell
ist seine Suche. Hier und da schießt er übers
Ziel hinaus, reißt jedoch sofort die Nase nach
oben und die Rute herum und flitzt in einem
neuen Winkel davon. Von Hektik jedoch
keine Spur. Lenya fliegt genauso flott davon;
etwas zielstrebiger, geradliniger, so der
Anschein. Dann verschwinden beide am
Horizont – und tauchen nach ein paar Minuten gleichzeitig wieder auf: jeder eines der
„verlorenen" Dummys im Fang. Bravo! Beide
haben die Aufgabe erfolgreich gemeistert –
jeder auf seine Art.

Freilich schicke ich meine beiden Hunde
nicht gleichzeitig los, wie eben beschrieben.
Diese Schilderung soll nur die unterschiedlichen Verhaltensweisen der beiden Vizslas
verdeutlichen.

Wo kauft man einen Magyar Vizsla?

Kaufen Sie Ihren Vizsla nie bei Tierhändlern
oder dort, wo Ihnen die Welpen leidtun! Lassen Sie sich nicht von vermeintlichen Billig-
angeboten ködern, denn diese werden sich
mit Sicherheit nicht auszahlen. Tierarzt-
oder Hundepsychiater-Rechnungen für
kranke, vernachlässigte, falsch geprägte oder
überhaupt nicht sozialisierte Hunde mit
nicht selten irreparablen Verhaltensstörun-
gen werden die Mehrausgaben für ein gesun-
des Tier aus der Zucht eines seriösen Vizsla-
Züchters rasch um ein Mehrfaches
übersteigen. Entscheiden Sie sich deshalb
bitte unbedingt für eine offiziell anerkannte

So erkennen Sie einen guten Züchter

- Seine Zuchthunde und Welpen haben ein gepflegtes Äußeres und vermitteln den Eindruck bester Gesundheit, vollster Zufriedenheit und Lebensfreude.
- Althunde wie Welpen sind unbefangen, freundlich und sehr kontaktfreudig.
- Hundelager und Auslauf sind sauber.
- Der Aufzuchtbereich liegt im oder in unmittelbarer Nähe des Wohnbereichs.
- Die Welpen haben abwechslungsreiche Beschäftigungsmöglichkeiten und die Chance, vielfältige Umweltbedingungen kennenzulernen, um ihre Sinne zu schulen.
- Er macht seine Welpen mit Staubsauger, klappernden Topfdeckeln, Küchenmaschine, Föhn, Radio, Rasenmäher usw. vertraut; diejenigen Hunde, die in Jägerhand gehen sollen, lässt er außerdem mit verschiedenem Wild erste Erfahrungen sammeln. Im günstigsten Fall lernen die Kleinen schon, im Auto mitzufahren; die Jagdhunde in spe werden zudem spielerisch, etwa mit einer Federwildschwinge, an das Vorsteh-Verhalten herangeführt.
- Seine Welpen dürfen mit den Besuchern spielen und auch Kontakt zu anderen Hunden aufnehmen.
- Er gibt bereitwillig Auskunft über den Gesundheitszustand seiner Tiere sowie den Impf- und Entwurmungsstatus und gewährt Einblick in sämtliche Untersuchungsergebnisse und Leistungsnachweise.
- Mit allen Hunden geht er fürsorglich um und berät Interessenten ausführlich.

und kontrollierte Zuchtstätte, aus der Sie Ihren Vorstehhund übernehmen! Und lassen Sie sich Zeit bei Ihrer Wahl. Besuchen Sie mehrere Züchterinnen und Züchter, und vergleichen Sie die Zuchthündinnen (wenn die Gelegenheit besteht auch die Deckrüden) sowie die Aufzuchtbedingungen. Bedenken Sie bei Ihrer Wahl, dass die erste Zeit beim Züchter entscheidende Bedeutung für die weitere Entwicklung Ihres Vizslas haben wird. Denn gerade während seiner ersten Lebenswochen ist der Welpe außerordentlich aufnahmebereit für ganz spezifische Lerninhalte, die er in späteren Stadien seines Lebens nicht mehr oder nur noch sehr viel schwerer erlernen und weniger dauerhaft im Gedächtnis speichern kann (Prägungsphase). Negativerlebnisse bleiben ihm gerade jetzt stark in Erinnerung.

Gesundheit vor Schönheit

Stellen Sie nicht die Schönheit, sondern die Gesundheit der Zuchttiere als Auswahlkriterium an erste Stelle. Denn nur gesunde, leistungsfähige Eltern und instinktsichere Muttertiere, außerdem arttypische Prägung sowie artgerechte Aufzuchtbedingungen seitens des Züchters und nicht zuletzt konsequente Erziehung und rassegemäße Beschäftigung durch den Hundehalter sind die Gewähr für gesunde, wesensfeste, ausgeglichene und arbeitsfähige Vizsla-Nachkommen.

Ein Drahthaarwurf: Beim Neugeborenen (oben links, 10 Minuten alt) kann man nur erahnen, wie sich das Fell entwickeln wird. Nach 33 Tagen weiß man es.

Für Jäger

Gerade für Jäger ist es wichtig zu wissen, dass der „Verein für Ungarische Vorstehhunde" (VUV) der einzige Zuchtverein in Deutschland für die Rassen Ungarisch Kurzhaar und Ungarisch Drahthaar ist, der von der FCI, dem VDH (Verein für das Deutsche Hundewesen) sowie dem JGHV (Jagdgebrauchshundeverband) anerkannte Ahnentafeln ausstellt. Nur Vizslas mit so einem Abstammungsnachweis sind berechtigt, an jagdlichen Anlageprüfungen teilzunehmen – die wiederum eine der Voraussetzungen für eine Zuchtzulassung darstellen.

Die Zuchtvoraussetzungen des Vereins sind streng, sodass man mit einem Hund aus einer vom VUV zertifizierten Zuchtstätte beste Chancen hat, einen leistungsstarken Jagdbegleiter zu bekommen. Der VUV unterscheidet seine Zuchten nach jagdlichen Leistungskriterien.

So gibt es die „Zucht aus Form und Anlagen", wobei beide Elterntiere ihre jagdlichen Anlagen durch eine bestandene HZP (Herbstzuchtprüfung) mit lebender Ente nachweisen müssen. Zudem dürfen sie weder von einer Hüftgelenkdysplasie noch von erblichen Augenerkrankungen betroffen sein. Auch ihr Haar- und Formwert, also ihr allgemeines äußeres Erscheinungsbild, wird beurteilt. Dort brauchen potenzielle Zuchthunde mindestens die Note „sehr gut".

Bei einer Zucht aus „Form, Anlagen und Leistung" hingegen benötigen beide Elterntiere den Nachweis von Anlagen und Leistung sowohl durch eine bestandene HZP als

auch durch eine bestandene VGP (Verbands-gebrauchsprüfung) oder Josef-Rauwolf-Zuchtausleseprüfung. Zudem müssen alle Hunde, egal aus welcher Zuchtlinie sie stammen, wesensfest sein.

Für Nichtjäger

Speziell Nichtjäger sollten wissen, dass sie mit einem Hund aus einer nicht explizit auf überdurchschnittliche Leistungen ausgerichteten Zuchtlinie deutlich besser bedient sind. Denn in Leistungszuchten wird über viele Generationen hinweg auf Fähigkeiten für den Jagdgebrauch selektiert, womit ein Halter, der seinen Vizsla nicht rein jagdlich führen möchte, hoffnungslos überfordert wäre.

Dass dieser Hund – egal aus welcher Zucht er stammt – möglichst alle seiner rassetypischen Anlagen aufweisen muss, steht außer Frage. Sich nur in gut geführten und zertifizierten Zuchtstätten nach seinem Vizsla umzuschauen, ist deshalb ein Muss. Nur wenn Wesens-, Verhaltens- und allgemeines Leistungsspektrum dieser Rasse erhalten werden, wird ein Vizsla auch künftig ein Vizsla sein können. Bleiben bei der Züchtung zu viele charakteristische Merkmale auf der Strecke, da man ihnen kein Augenmerk schenkt, wird die Rasse unweigerlich an Typ verlieren, wobei leichte anatomische Abweichungen ohne Weiteres zu akzeptieren sind, ganz im Gegensatz zu solchen in ihrem Wesen. Dass ein Jagdhund mit dem Verlust seiner jagdlichen Anlagen oft auch andere Merkmale einbüßt, wird oft vergessen.

Der Vizsla zieht ein
Wohnungs-Check

Bevor Ihr neues Rudelmitglied ins Haus kommt, sollten Sie es auf Hundetauglichkeit hin überprüfen. Giftige Zimmerpflanzen und Kleinteile, die der Welpe fressen könnte, sollten Sie außer Reichweite stellen. Stromkabel, die er benagen könnte, müssen hundesicher verstaut werden. Auch kostbaren Nippes sollten Sie aus dem Schwanzwedelbereich Ihres neuen Freundes verbannen. Überlegen Sie sehr sorgfältig, wo der Ruhebereich des Hundes sein soll. Ideal wäre ein zugfreier, nicht gerade vor der Heizung gelegener Platz, an den er sich ungestört zurückziehen kann und wo er dennoch die Möglichkeit hat, das Leben um sich herum zu verfolgen. Wenn Sie ihm dort ein weiches Hundebett bereitstellen, wird er diesen Ort schnell akzeptieren. Denken Sie auch darüber nach, wo Futter- und Wassernapf stehen sollen.

Treppen und Gartenteiche sichern

Magyar Vizslas sind sehr rasch- und relativ großwüchsig. Um ernsthaften Erkrankungen ihrer Gelenke und Bänder vorzubeugen, dürfen sie während der Zeitspanne ihres stärksten Wachstums bis zum siebten Lebensmonat nicht zu stark belastet werden. Darauf müssen Sie nicht nur bei Ihren täglichen Spaziergängen und beim Spielen mit Artgenossen achten, sondern auch zu Hause. So sollten Sie Ihren jungen Vischel möglichst selten Treppen steigen, vor allem aber keine Stufen hinunterspringen lassen: Schutzgitter an Treppenauf- und -abgängen haben

Erstausstattung

- Schlafunterlage, z. B. ein Hundekissen mit Wasser und Schmutz abweisendem Bezug (ca. 70 x 90 cm) beziehungsweise eine wattierte Hundedecke oder ein waschbares Hundebett mit hohem Rand (ca. 90 cm Durchmesser).
- Wasser- und Futternapf: Besonders praktisch sind Edelstahlnäpfe, die an der Basis verbreitert und somit sehr standfest sind, außerdem höhenverstellbare Näpfe. Fassungsvermögen zwischen 0,45 und 0,9 Liter.
- Spielzeug: Ideal sind Spieltaue aus Baumwolle, strapazierfähige Kunststoff-Noppenbälle, verknotete Tücher, ausgestopfte Socken sowie leere Kartons (ohne Metallteile!) zum Zerreißen, besonders während des Zahnwechsels, außerdem kleine Büffelhautknochen.
- Leder- oder Nylonhalsband „ohne Zug", 1,5 bis 2 cm breit und 40 cm lang.
- Leichte Leine aus Leder oder z. B. Nylongewebe, 1 m lang mit Bolzenhaken.
- Welpengeschirr: Unbedingt auf Passgenauigkeit und gute Unterfütterung achten, damit nichts scheuert!
- Hundepfeife aus Kunststoff mit hellem Pfeifton und Triller.
- Welpendummy, ca. 200 g schwer, schwimmfähig.
- Naturhaarbürste und Noppenhandschuh für den Kurzhaar-Vizsla; Hundekamm mit mittelweiter Zahnung für den Drahthaar-Vizsla.
- Zeckenhaken oder Zeckenzange.
- Für unterwegs: z. B. Futter-Wasser-Napf mit integriertem Wasserkanister, Hundegitter, Autotransportbox (H 70 x B 65 – 80 x T 70 – 80 cm) oder Hundesicherheitsgurt.
- Für den jagdlich geführten Welpen: ein Stück Rehhaardecke und eine Reizangel.

sich gut bewährt, die kleinen Temperamentsbündel mit ihrem Tatendrang davon abzuhalten. Auch Gartenteiche sollten Sie mit einem umlaufenden Gittergeflecht absichern. Denn in einem unbeaufsichtigten Augenblick könnten steile Böschungen Ihrem neugierigen kleinen Vierbeiner zum Verhängnis werden. Achten Sie auch darauf, dass die Spiele mit Artgenossen nicht zu ruppig sind. Große Sparringpartner und Anrempeln im Spiel sind nichts für die Kleinen.

Shoppingtour für neue „Eltern"

Nutzen Sie die verbleibende Zeit, um noch einige Besorgungen zu machen, denn große Einkaufstouren werden in den ersten Wochen mit Welpen sicher nicht möglich sein. Ist der Kleine erst einmal bei Ihnen eingezogen, kann er natürlich noch nicht allein zu Hause oder für längere Zeit unbeobachtet im Auto bleiben, und Sie werden ihn – sollte kein Betreuer einspringen können – zunächst einmal auf Schritt und Tritt bei sich haben.

Den Welpen abholen

Ist der große Tag gekommen, an dem Sie zum Züchter fahren, um Ihren kleinen Vizsla abzuholen, sollten Sie sich einen Begleiter mitnehmen, der Ihren Welpen während der Autofahrt auf dem Schoß halten kann. Noch besser ist es, wenn Sie sich um Ihren Kleinen kümmern können, während der andere fährt. Denn das erste Beisammensein in einer fremden Umgebung wird für Ihr weiteres Zusammenleben mitbestimmend sein. Vergessen Sie nicht, eine warme Decke, einige saugfähige Tücher und, sollte es Sommer sein, Trinkwasser und einen Wassernapf mitzunehmen.

Was Ihnen der Züchter mitgibt

Vom Züchter bekommen Sie einen Kaufvertrag sowie die Ahnentafel, also den Stammbaum (Pedigree) Ihres Hundes. In diesem Abstammungsnachweis finden Sie die letzten vier bis fünf Generationen Ihres Vizslas, außerdem sämtliche Röntgenuntersuchungsergebnisse auf Hüftgelenkdysplasie (HD), eventuelle Schautitel oder z. B. Arbeitsleis-

tungen. Namen, Mikrochip- bzw. Tätowiernummern Ihres Hundes und seiner Geschwister sind darin auch vermerkt. Den internationalen Impfpass Ihres Welpen mit den Eintragungen der bereits vorgenommenen Injektionen und die Termine für anstehende Impfungen und Wurmkuren werden Ihnen vom Züchter ebenfalls ausgehändigt. Nützlich kann auch sein, sich danach zu erkundigen, welche Präparate zur regelmäßigen Entwurmung des Welpen eingesetzt

Tipp
Tasso und Co.

Es empfiehlt sich, die Chipcode- bzw. Tätowiernummer bei einem der zentralen Haustier-Registrierungszentren erfassen zu lassen, denn dies ermöglicht die zweifelsfreie Identifizierung des Hundes sowie die rasche Ermittlung seines Besitzers. Adressen finden Sie im Anhang.

*Bringen Sie Zeit mit, wenn Sie auf Welpenschau gehen!
Bedenken Sie aber auch, dass ein gewissenhafter Züchter
viele Welpeninteressenten empfängt und berät.*

wurden bzw. zur weiteren Behandlung empfohlen werden. Damit der junge Vizsla nicht
gleich eine Futterumstellung mitmachen
muss, bekommen Sie in der Regel auch etwas
Welpenfutter einschließlich Dosierungsan-
weisungen und Angaben zu den gewohnten
Fütterungszeiten mit.

Auf nach Hause

Der Welpe hat am Abreisetag vom Züchter
keine oder nur eine kleine Mahlzeit erhalten.
Füttern Sie ihn auch während der Fahrt
nicht, damit er sich nicht übergeben muss
und so schlechte Erfahrungen mit dem Auto-

fahren macht. Spielen Sie vor Antritt der
Fahrt ausgiebig mit ihm, dann wird er bald
müde werden und die meiste Zeit schlafen.
Sollte Ihr Vizsla doch unruhig werden und
speicheln, machen Sie eine kurze Rast und
spielen mit ihm. Vielleicht löst er sich sogar.
Wenn er wieder schläfrig geworden ist, können Sie Ihre Heimfahrt fortsetzen. Sollte
Ihr Kleiner zu den wenigen zählen, die das
Autofahren noch nicht sonderlich mögen
und während der gesamten Fahrt jammern,
bedauern Sie ihn nicht. Er könnte sich sonst
daran gewöhnen, von Ihnen bemuttert zu
werden, sobald er jammert. Machen Sie ihn
auch nicht auf Umgebungsreize aufmerksam. Er braucht sich nicht für alles zu inter-
essieren. Schließlich bedeutet Autofahren –
jetzt wie später: Ruhig abwarten, bis das Ziel
erreicht ist.

Pipi-Pause

Daheim angekommen, bringen Sie Ihren
Welpen zuerst an seinen künftigen Löseplatz
und ermuntern Sie ihn mit Ihrem Zauber-
wörtchen, dort sein Geschäft zu verrichten.
Da der Kleine wahrscheinlich noch mit
Schnuppern beschäftigt sein wird, müssen
Sie Geduld mit ihm haben. Löst er sich, loben
Sie ihn und wiederholen gleichzeitig Ihr
Schlüsselwort.

Vorausschauend denken

Lassen Sie ihm Zeit, alles zu erkunden. Doch
denken Sie daran: Schon am ersten Tag darf
der Welpe nur das tun, was ihm auch später
erlaubt sein wird! Klare Spielregeln von

Anfang an schaffen Eindeutigkeit und damit Sicherheit. Bedingung dafür ist, dass Sie permanent ein Auge auf Ihren kleinen Racker haben. Sollte er beispielsweise an den Teppichfransen knabbern wollen, verbieten Sie es sofort. Dazu genügt ein ruhiges und in tiefer Stimmlage gesprochenes „Nein!" (auf ungarisch: „Nem!"; gesprochen „näm"). Grob oder ausfallend dürfen Sie dabei nicht werden, weder beim Welpen noch beim jugendlichen oder erwachsenen Magyar Vizsla. Ihr Ziel ist es schließlich, eine freundschaftliche Verständigung mit Ihrem Vierbeiner aufzubauen und diese auch zu erhalten. Wiederholen Sie Ihr Verbot konsequent, wann immer Ihr Kleiner das Verbotene erneut probieren will. Schnell müssen Sie dabei sein. Am besten, Sie lassen Ihre Maßregelung bereits im Vorfeld seiner Handlung ertönen. Dann kann der Welpe Ihr „Nein!" auch sicher mit seinem Vergehen in Verbindung bringen und rasch erkennen, was Sie von ihm erwarten.

Präventivmaßnahmen

Vizslas sind sehr aufgeschlossen und wissbegierig. Dennoch lernen auch sie über freundliche Bestätigung (= positive Bestärkung, siehe Seite 103) schneller und exakter als über Tadel. Deshalb sollten Sie besonders im Welpenalter darauf achten, den Kleinen erst gar nicht in Situationen geraten zu lassen, in denen er zahlreiche „Fehler" begehen kann! Das heißt konkret: Schuhe, die zernagt werden könnten, werden weggeräumt; kostbare Gartenpflanzen, die ausgebuddelt werden könnten, werden eingezäunt; Lebensmittel, die gestohlen werden könnten, bekommen ihren Platz im obersten Regal usw. Wie Sie sehen, sind Einsatzbereitschaft und vorausschauendes Handeln Ihrerseits gefragt. Aber es lohnt sich.

Braaav!

Voraussetzung ist natürlich, dass Sie Ihrem Hund Ihre freudige Zustimmung auch deutlich zu verstehen geben und ihn damit in seinem Tun bestätigen und bestärken. So zum Beispiel, indem Sie ihn streicheln und gebührend loben. Wenn Sie dabei immer dieselben, mit sehr hoher Stimme gesprochenen Worte – zum Beispiel braaaav, Lenchen, braaaav – verwenden, hat Ihr Welpe mit Sicherheit schnell verstanden. Den Namen Ihres Welpen setzen Sie natürlich schon in den ersten Stunden so oft wie möglich ein, aber nur im Zusammenhang mit einem Lob, niemals mit Tadel! Ihr Vizsla soll lernen, dass dieses Wort stets etwas Positives für ihn bedeutet. Das schafft Vertrauen.

DIE MEISTEN VIZSLAS VERSTEHEN ES,
IHRE BESITZER MIT DER ZEIT UM
DEN FINGER ZU WICKELN UND IHRE
ZIELE MIT CHARME ZU ERREICHEN.
DIESER CHARAKTERZUG IST ES AUCH,
DER EINEN ERST-VIZSLA-BESITZER
ZUM EINGESCHWORENEN RASSEFAN
WERDEN LÄSST.

Margrit Hirsch; Rassebeauftragte Vizslaclub Schweiz

Stubenreinheit

Ist Ihr kleiner Vizsla nach den Anstrengungen der ersten Erkundungsgänge müde geworden, nehmen Sie ihn zu sich und setzen sich mit ihm an seinen Ruheplatz. Schmusen Sie mit ihm und streicheln Sie ihn behutsam. Bestimmt wird er dort schnell einschlafen. Hat er sich nach einem kurzen Nickerchen erholt und ist zu neuen Taten bereit, bringen Sie ihn zuerst wieder an seinen Löseplatz in den Garten. Erst danach spielen Sie ausgiebig mit ihm. Nach einem erneuten „Zum-Lösen-Gehen" bereiten Sie Ihrem Vizsla eine kleine Mahlzeit zu. Und im Anschluss daran bringen Sie ihn noch einmal in den Garten.

Selbst wenn Ihnen dieses Vorgehen im Moment sehr aufwendig erscheinen mag – Sie werden sehen, Ihr Kleiner wird so nach zwei bis vier Wochen stubenrein und zeigt Ihnen, wenn es an der Zeit ist, ihn hinauszulassen. Begleiten Sie ihn weiterhin nach draußen, und loben Sie ihn ausgiebig, während er dort alles brav erledigt.

Konfirmandenblase

Glauben Sie Ihrem kleinen Vizsla immer, auch wenn er erst vor zehn Minuten draußen war! Läuft er breitbeinig und mit der Nase am Boden suchend im Zimmer umher, muss es jetzt sein. Ihm die empfindliche Nase ins „feuchte Malheur" zu stoßen, ist übrigens absolut kontraproduktiv und muss unbedingt unterlassen werden. Stattdessen sollte der Zweibeiner im Falle eines Missgeschicks lieber überlegen, welche Signale er übersehen hat, und künftig genauer hinschauen.

Die ersten Nächte

Sobald Ihr Welpe während der Nacht wach wird, heißt es ebenfalls: Rasch mit dem Kleinen auf dem Arm hinaus in den Garten. Ist sein Nachtlager direkt neben Ihrem Bett, können Sie seine Unruhe rechtzeitig bemer-

ken und schnell darauf reagieren. Gönnen Sie Ihrem kleinen Vizslawelpen besonders in der Nacht, in der er zum ersten Mal von Mutter und Geschwistern getrennt schlafen muss, Ihre unmittelbare Nähe und einige Streicheleinheiten. Wenn er in ein paar Wochen stubenrein ist und die ganze Nacht durchschläft, kann er immer noch seinen endgültigen Schlafplatz beziehen. Sie brauchen keine Bedenken zu haben, dass Ihr Hund zeitlebens in Ihrem Schlafzimmer übernachten wird, wenn Sie ihn in den ersten Wochen dort schlafen lassen. Im Gegenteil: Er wird viel schneller Vertrauen fassen und Selbstsicherheit entwickeln können, wenn Sie ihn gerade in den ersten Nächten nicht in einen separaten Raum verbannen, wo er sich einsam und verlassen vorkäme.

Ernährung

In den ersten Tagen im neuen Zuhause bieten Sie Ihrem Schützling das Futter an, das er von seinem Züchter her kennt, in der gleichen Menge, wie er es dort erhalten hat. So ist es ihm vertraut und so bekommt es ihm in all dem Trubel des großen Umzugs am besten. (Bei einem Hund aus dem Tierheim verwenden Sie auch das dem Tier bekannte Futter.)

Fertigfutter, Selbstgekochtes oder rohes Fleisch?

In den folgenden Wochen ist es durchaus legitim, wenn Sie sich Gedanken darüber machen, wie Sie Ihren Hund zukünftig ernähren wollen. Denn Möglichkeiten gibt es mehrere. Etwa die ausschließliche Ernährung mit industriell hergestelltem Fertigfutter, also mit Trockenfutterpellets aus dem Sack oder Feuchtfutterbrocken aus der Dose, oder die alleinige Fütterung mit Hausmannskost, also mit selbst zubereiteten Mahlzeiten, etwa in Form gegarter Menüs oder als roh gereichte Kreationen. Sicher kann man den Magyar Vizsla auch mit einer Mischkost aus Fertigfutterprodukten und Hausmachermahlzeiten ernähren, etwa so: morgens rohes Rindfleisch mit fein püriertem Obst und Gemüse, mittags ein roher Lammfleischknochen und abends eine Portion Pellets.

Für Allergiker geeignet

Wie Sie es handhaben, bleibt Ihnen überlassen. Nicht jeder Hundehalter hat Zeit und Lust, sich täglich akribisch mit der Ernährung seines Vierbeiners auseinanderzusetzen, und er greift daher lieber zu Fertigprodukten. Auch ist es nicht jedermanns Sache, tagein, tagaus mit ungereinigtem Pansen, bluttriefender Milz, Rinderkehlköpfen und Putenhälsen zu hantieren und permanent den Mixer zu bemühen, um frische Rohkost zu zerkleinern. Denn nur in pürierter Form ist der Darm des „Fleischfressers" Hund in der Lage, die Nährstoffe aus Obst und Gemüse aufzunehmen und dem Stoffwechsel nutz-

bar zu machen. Und dennoch: Gerade die Allergiker unter den Hunden – die leider in stark zunehmendem Maße auch beim Magyar Vizsla auftreten – profitieren sehr von dieser Ernährungsweise, speziell von dem sogenannten BARFen (also der ausschließlichen Verfütterung roher Zutaten). Dies wird übrigens von immer mehr Tierärztinnen und Tierärzten bestätigt, weshalb sie solche Kost dann gezielt zur Ernährung ihrer vierbeinigen Patienten empfehlen.

Auf den Hund abgestimmt

Ob Sie Ihren Vizsla selbst bekochen wollen, ob Sie ihn mit rohen Fleisch-Gemüse-Menüs verwöhnen oder ihm ausschließlich Trockenfutter anbieten möchten: Stets müssen Menge, Nähr- und Inhaltsstoffe der Futterrationen genau auf sein Lebensalter und seine körperliche sowie geistige Auslastung ausgerichtet sein. Nur so bleibt er gesund und leistungsfähig. Außerdem müssen Sie darauf achten, was Ihrem Tier am besten bekommt. Nicht immer ist die zunächst favorisierte Fütterungsart auch die günstigste für seine speziellen Ansprüche oder stoffwechselphysiologischen Besonderheiten. Nahrungsmittelallergien sind – wie gesagt – auf dem Vormarsch. Das bedeutet, dass dem einen oder anderen Vizsla nur noch Futtermittel bekommen, die möglichst naturbelassen sind und wenig industrielle Verarbeitungsprozesse hinter sich haben, in denen ihnen gravierende strukturelle Veränderungen widerfahren sind, die dem hundlichen Verdauungssystem Schaden zufügen.

Rohes für den Vizsla

So groß die Vorteile einer Rohernährung sind, so sorgfältig gilt es, diese Fütterungsart in die Praxis umzusetzen. Denn es gibt durchaus Nahrungskomponenten, die nichts im Hundenapf zu suchen haben, ja sogar solche, die ganz und gar tabu sind. Keine Angst!

Die naturgemäße Rohfütterungsmethode verlangt nur wenige Regeln, die zudem sehr leicht zu befolgen sind. Bloß kennen muss man sie. Möchten Sie sich näher mit dieser Thematik auseinandersetzen, lesen Sie einfach mein Buch „1 x 1 der Rohfütterung für Hunde" (siehe Anhang).

Knochenfütterung: ja oder nein?

Wenn fleischige Knochen und größere Knorpelstücke verfüttert werden, dann wegen ihrer besseren Verdaulichkeit nur im rohen Zustand und niemals vom Schwein. Besonders geeignet sind Kalbsknochen, Rindermarkknochen, Rinderkehlköpfe und Luftröhren vom Rind (längs aufgeschnitten, da sie sich sonst über die Zunge oder den Unterkiefer stülpen können), außerdem Hühner- und Putenhälse sowie Hühnerflügel von jungen Tieren. Nicht zu viel davon geben (1 g Frischknochen pro kg Körpergewicht und Tag) und niemals abrupt mit größeren Mengen beginnen. Der Verdauungstrakt des Hundes muss sich erst an die ungewohnte Kost anpassen, speziell was die Salzsäureproduktion in seinem Magen betrifft. Durch regelmäßige Knochenfütterung wird diese jedoch deutlich erhöht, was langfristig nicht nur dem besseren Aufschluss zugute kommt, sondern auch der Erregerabwehr.

Dies ist vermutlich einer der Gründe, weshalb mit Rohkost ernährte Hunde, die regelmäßig und moderat mit rohen Fleischknochen versorgt werden, trotz des etwas erhöhten Infektionsdrucks (Parasiten, Viren, Bakterien wie z. B. Salmonellen) nicht erkranken.

Gesundes
für den Vizsla

Eiweiß- und Fettlieferanten

- Rohes oder gekochtes Rind-, Lamm-, Geflügel- oder Kaninchenfleisch (täglich)
- Rohe Schlachtabfälle wie etwa ungereinigter Pansen, außerdem Innereien vom Rind, Lamm, Kaninchen und Geflügel (maximal zweimal pro Woche)
- Rohes Knorpeliges wie Kehlkopf und Luftröhre vom Rind, außerdem rohe Fleischknochen wie Geflügelhälse, Ochsenschwanz, fleischige Knochen vom Kalb, Rind, Lamm, Kaninchen
- Roher oder gegarter Fisch (maximal einmal pro Woche)
- Milchprodukte wie Magerquark, Naturjoghurt, Hüttenkäse, Milch (maximal ein Kaffeetässchen täglich)
- Rohes oder gekochtes Ei mit Schale, Eigelb (maximal zweimal pro Woche)
- Kokosflocken, fein geriebene Haselnüsse (täglich maximal ein gestrichener TL)

Kohlenhydrat- und Ballaststofflieferanten

- 15 Minuten in Wasser, Milch oder Fleischbrühe, eingeweichte Haferflocken
- Ungeschälter, gegarter Reis, gekochte (Vollkorn-)Nudeln
- Hart getrocknetes (Vollkorn-)Brot
- In Fett/Öl gegarte Karotten oder rohe, fein pürierte Karotten sowie Zucchini mit einem Spritzer Öl
- Rohe Äpfel fein püriert (am besten täglich) – Kerne entfernen, Blausäurevergiftung!
- Bananen, Birnen, Aprikosen, Brombeeren, fein püriert (zwei- bis dreimal pro Woche)

Nahrungsergänzungsstoffe

- Zermörserte Eierschale (Kalk): täglich ein gestrichener TL
- Bierhefe (Vitamine, Vitalstoffe): täglich ein gestrichener TL Flocken bzw. 2 Tabletten
- Seealgenmehl (Vitamine, Mineralstoffe, Spurenelemente): täglich eine Messerspitze
- Lachsöl (essenzielle Fettsäuren): täglich ein TL
- Kalt gepresste Pflanzenöle: z. B. Lein-, Walnuss- oder Rapsöl (essenzielle Fettsäuren): täglich ein TL
- Getrocknete Brennnesseln (vitamin- und mineralstoffreich, stoffwechselanregend): maximal 4 EL pro Woche

Das dürfen Sie nicht füttern

- Rohes vom Schwein – kann die für den Hund tödlichen Aujeszkyviren enthalten; Erhitzen (z. B. Kochen, Braten, Dünsten, 5 Min. bei 98 °C) bietet sicheren Schutz
- Gekochte Knochen – lebensbedrohliche Knochenkot-Anschoppungen, da Kochen Knochen schwer verdaulich macht
- Rohes Getreide, rohe Kartoffeln, rohe Kohlpflanzen und rohe Hülsenfrüchte – sind unverdaulich bzw. giftig für Hunde
- Zwiebeln und Knoblauch in großen Mengen führen zu Blutarmut
- Weintrauben, Rosinen und Auberginen können zu Vergiftungen führen
- Schokolade kann tödlich wirken
- Größere Mengen an: Milch (Durchfall), gegarten Hülsenfrüchten (Blähungen, Magenaufgasung), Getreide, Reis oder Mais (gestörte Mineralstoffversorgung)

Schauen, was der Artgenosse futtert, und untertänigst betteln, indem man den Hund freundlich umgarnt – damit man auch mal daran lutschen darf ... typisch Vizsla!

Welpen richtig füttern

Bei so rasch- und großwüchsigen Hunderassen wie den Vizslas kann vor allem eine unausgewogene Mineralstoffversorgung während des Wachstums gravierende Skelettschäden nach sich ziehen. Achten Sie deshalb bei Ihrem Welpen vom ersten Tag an auf hochwertige, abwechslungsreiche Ernährung. Auch zu pummelig darf der Kleine nicht werden. Da Vizslas besonders in den ersten sechs Lebensmonaten schnell wachsen, besteht bei Überfütterung und der daraus resultierenden Überbelastung von Knochen, Bändern, Sehnen und Gelenken die Gefahr bleibender Schäden des Bewegungsapparats. Die weitverbreitete Meinung, der molligste Welpe sei auch der gesündeste, gilt schon längst nicht mehr! So wichtig eine ausreichende und ausgewogene Fütterung der kleinen Hundekinder ist, so schädlich ist eine Überversorgung.

Vorsicht, Altersspeck!

Dem Magyar Vizsla würde man überflüssige Pfunde nicht zutrauen, und doch kann er diese relativ leicht ansetzen – nach einer Kastration beispielsweise oder im höheren Alter. Nach einer Entfernung der Geschlechtsdrüsen verändert sich der Stoffwechsel erheblich, womit der Vierbeiner in der Regel deutlich weniger benötigt, um sein Gewicht zu halten, selbst wenn er durch den Eingriff weder an Temperament noch an Bewegungsfreude eingebüßt hat. Achtet man auf diesen Aspekt, bleibt ein Vizsla auch nach einer Kastration rank und schlank. Im Seniorenalter heißt es, das Gewicht des Hundes im Auge zu behalten. Denn Übergewicht kann nun zu schwerwiegenden Störungen seines Allgemeinbefindens führen (z. B. Herz-Kreislauf-Erkrankungen, Verminderung der Immunabwehr, Erhöhung des Risikos für Diabetes mellitus) und seine Lebenserwartung erheblich senken. Früher ein Springinsfeld, wird mancher Vizsla mit den Jahren bequem. Allein mit Futterreduktion ist es oft nicht getan. Etwas mehr Unternehmungsgeist vonseiten des Besitzers hilft fast immer, den Veteranen vom Sofa zu locken und seinen Stoffwechsel auf Trab zu bringen.

Trinkwasser

Frisches Trinkwasser sollte dem Vizsla jederzeit zur Verfügung stehen. Da gerade Trockennahrung einen geringen Wassergehalt aufweist, muss bei der Gabe solcher Futtermittel auf eine ausreichende Flüssigkeitszufuhr geachtet werden. Zur Steigerung der Verdaulichkeit empfiehlt es sich, bei jungen Welpen und bei sehr alten Hunden Trockenfutter kräftig in lauwarmem Wasser oder in salzarmer Fleischbrühe einzuweichen und dann erst anzubieten.

*Der eine lässt keine Pfütze aus, um sich darin zu suhlen –
der andere umschifft jedes Rinnsal gekonnt, nur um keine
nassen Pfoten zu bekommen: Charaktersache eben ...*

*Auch wenn es in diesem Alter nicht wirklich nötig ist, und
der Kleine das Bürsten lieber baldmöglichst hinter sich
bringen würde: Wer frühzeitig übt ...*

Pflege

Die Körperpflege eines Magyar Vizslas ist weder kompliziert noch aufwendig. Sie sollte dennoch regelmäßig erfolgen, damit er gesund bleibt und sein Immunsystem nicht unnötig belastet wird. Außerdem lassen sich durch wiederholtes Bürsten und Massieren seine Durchblutung anregen und Plagegeister oder Hautläsionen rechtzeitig entdecken. Ganz nebenbei wird so noch die vertrauensvolle Beziehung und die gegenseitige Bindung intensiviert. Wenn Sie Ihren Vizsla zudem ausgewogen ernähren und ihn mit ausreichend Mineralstoffen, Vitaminen und Spurenelementen versorgen, ist seine Haut selbst im Alter noch geschmeidig und das Fell dicht und Wasser abweisend. Nur während des zweimal im Jahr auftretenden Haarwechsels braucht es mehr Einsatz. Nun sollten Sie sich mehrmals wöchentlich dem Haarkleid Ihres Vizslas annehmen.

Fellpflege bei Vizslas

Ein Kurzhaarfell pflegen Sie am besten mit einem Gumminoppen-Handschuh und einem feinzinkigen Kamm, um so die losen Haare auszukämmen. Rubbeln Sie ruhig auch mal kräftig gegen den Strich, damit sich die abgestorbenen Haare restlos lösen und entfernt werden können. Tun Sie das nicht, bleiben die kurzen harten Härchen im Fell hängen und bohren sich anschließend in jedes Polster, wo sie sich künftig gegen jeden Bürsten- und Staubsaugereinsatz rigoros widersetzen.

Für ein drahtiges Fell verwenden Sie einen mittelgrobzinkigen Kamm sowie eine Naturhaarbürste oder einen Gumminoppen-Handschuh bzw. Gummi-Massagestriegel, um Unterwolle und lockere Deckhaare auszubürsten. Da gerade beim Drahthaarvizsla starke Unterschiede in der Dichte, Dicke und Länge der Haare auftreten können, müssen

Sie entsprechend der Fellbeschaffenheit Ihres Tieres ausprobieren, welche Pflegeutensilien sich am besten eignen.

Trimmen beim Drahthaar

Mit dem spielerischen Trimmen können Sie schon im Welpenalter beginnen, damit sich der Vierbeiner an das Prozedere gewöhnt. Richtig „ernst" wird es erst, wenn er rund sechs Monate alt ist. Doch Vorsicht, nicht alle Haare werden gleichzeitig „reif" und lassen sich schmerzfrei aus der Haut zupfen. Testen Sie zunächst behutsam, indem Sie ein paarmal Probe zupfen, etwa im Nacken Ihres Hundes, an seinen Flanken und im Kopfbereich. Sitzen die meisten Haarfäden noch sehr fest, sodass ein relativ leichtes Auszupfen kaum möglich ist, ist es noch nicht so weit. Die Haare befinden sich noch nicht im sogenannten Telogen-Stadium. Warten Sie einige Tage, bevor Sie erneut testen.

Jeder Hund entwickelt seinen ganz individuellen Haarwachstumsrhythmus, den Sie mit etwas Übung bald entdeckt haben werden. In der Regel ist das Fell eines drahthaarigen Vizslas alle vier bis sechs Monate reif fürs Trimmen, wobei die Haare an den unterschiedlichen Körperbereichen zu verschiedenen Zeiten zupffähig werden.

Von Hand gezupft

Am edelsten wirkt das Haarkleid eines Drahthaarvizslas, wenn man die alten und abgestorbenen Haare mit der Hand trimmt. Das heißt, man greift ein paar Haare an ihrer Spitze zwischen Daumen und Zeigefinger und zupft sie mit einem Ruck in Wuchsrichtung des Fells heraus. Begonnen wird am Hals oder über den Schulterblättern. Danach arbeitet man sich langsam bis zur Kruppe hin durch. Erfahrungsgemäß sind die „alten" Haare im Kopfbereich und an den Ober-

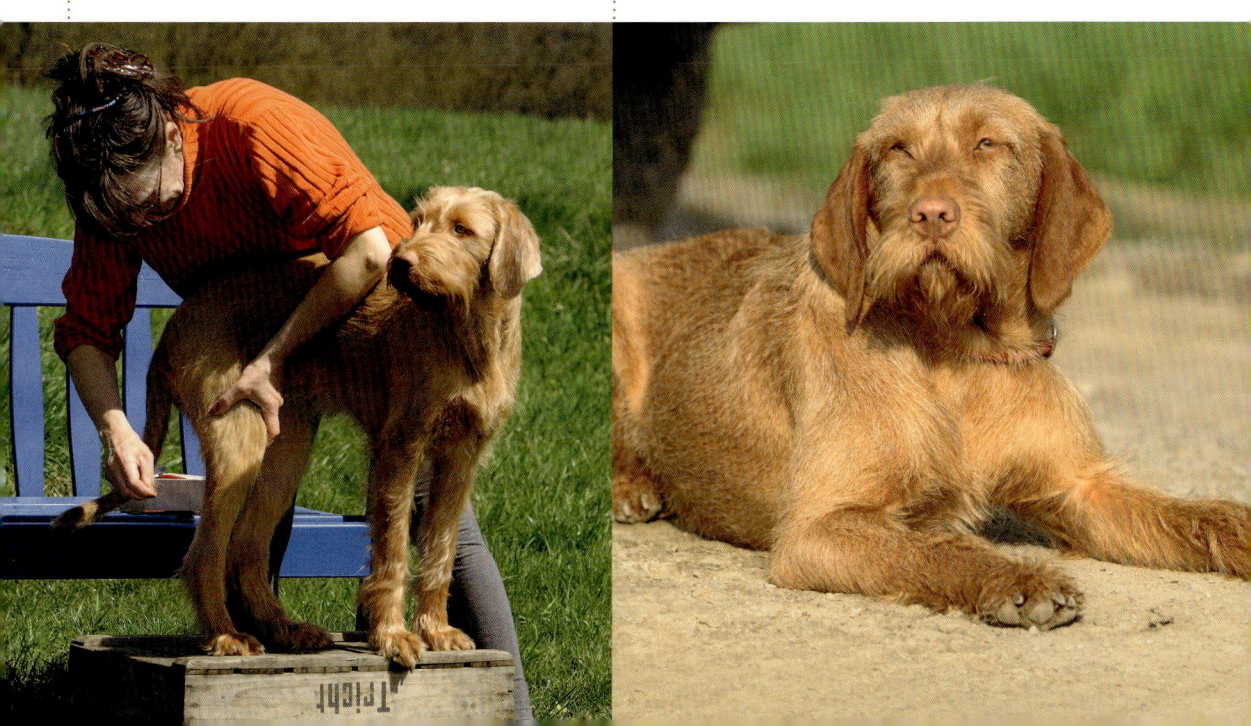

schenkeln und Läufen zum Zeitpunkt der Zupfreife der Haare am Rumpf noch nicht schmerzlos zu entfernen. Sie kommen erst in rund zwei Wochen an die Reihe. Das ordentliche Handtrimmen des Rumpfes nimmt viel Zeit in Anspruch und verlangt Geduld beim Vierbeiner.

Mit dem Trimmmesser

Erheblich schneller geht das Entfernen der reifen Haare mit einem Trimmmesser, weil dabei mehr Haarfäden pro Zupfvorgang erfasst werden können. Um ein gutes Ergebnis zu erzielen, braucht man jedoch zweierlei: erstens ein geeignetes Trimmmesser und zweitens die richtige Handhaltung. Ansonsten zupft man die Haare nicht aus, sondern schneidet sie ab – womit man die drahtige Struktur des Haarkleids zerstört, zwar nicht unwiederbringlich, aber immerhin bis zum nächsten regulären Trimmtermin. Ganz zerstört wird die rassetypische Drahthaarstruktur, wenn das Fell eines drahthaarigen Vizslas mit der Schermaschine bearbeitet wird. Denn die Haare werden dabei von Mal zu Mal weicher und flaumiger. Auch die Farbintensität des Fells kann deutlich verblassen. Trimmen ist also Pflicht, um den drahtigen Fellcharakter zu erhalten.

Selbst bei Tieren mit wolligem und üppigem Drahthaar lässt sich durch mehrmaliges Trimmen die drahtig harte Deckhaarstruktur erzielen. Bei solchen Hunden kann man auch mit einer Effilierschere zu Werke gehen, um das Fell etwas auszudünnen.

Der Feinschliff

Um das Erscheinungsbild perfekt zu machen, kommt nach dem Trimmen noch die Schere zum Einsatz, mit der das Fell des Vizslas an der Rute und an den Läufen minimal eingekürzt wird. Auch die Konturen der Behänge werden nachgearbeitet. Je nach Wuchsdichte der Haare geschieht dies durch Zupfen oder indem man das Fell der Ohrränder mit einer gebogenen und vorn abgerundeten Schere vorsichtig nivelliert. Dazu nimmt man die überstehenden Haare am Ohrrand zwischen Daumen und Zeigefinger und schneidet sie knapp über den Fingern ab.

Zupfen mit dem Trimmmesser – so machen Sie es richtig

Das Handling: Die reifen Haare werden mit dem Daumen gegen das Trimmmesser gedrückt und mit einem Ruck in Wuchsrichtung aus der Haut gelöst. Dabei steht das Messer senkrecht zum Körper des Hundes oder mit der Oberkante leicht schräg zum Körper des Trimmers orientiert.

Trimmmesser gibt es mit leichter und grober beziehungsweise flacher und tiefer Zahnung. Entsprechend unterschiedlich ist das Ergebnis. Probieren Sie es erst vorsichtig aus, wenn Sie ein neues Trimmmesser verwenden. Ein gutes Trimmmesser ist eher stumpf. Insider ziehen neue Trimmmesser mehrmals durch Stahlwolle, bevor sie sie verwenden.

Auf Schaumbäder verzichten

Hat sich Ihr Vizsla im Schlamm gesuhlt oder in einem Kadaver gewälzt oder zeigt sein Fell infolge ausgiebigen Schwimmens im Meer einen Grauschleier, verzichten Sie darauf, ihn einem Schaumbad zu unterziehen. Sprühen Sie ihn stattdessen mit dem Gartenschlauch ab. Falls erforderlich seifen Sie ihn parziell etwas ein und reiben sein Fell anschließend mit einem Frotteehandtuch und mit dem Fellstrich gründlich trocken. So vermeiden Sie, dass der Haut der imprägnierende Fettmantel entzogen und sein Immunsystem unnötig belastet wird. Weil der Magyar Vizsla mit seiner erblich verankerten Wasserpassion eine recht starke Hauttalgproduktion aufweist (was wiederum für bestimmte fettliebende pathogene Mikroben anziehend wirkt), sollte man ihn nach dem Schwimmen trocken tupfen, sonst geben die feuchten, warmen Körperhöhlen einen guten Nährboden für langwierige Hauterkrankungen ab.

Ohrenpflege

Die beim Magyar Vizsla dicht am Kopf anliegenden Behänge können auf die Entstehung entzündlicher Veränderungen seiner Ohren begünstigend wirken. Deshalb ist es wichtig, mindestens einmal wöchentlich seinen äußeren Gehörgang mit einem Papiertaschentuch gründlich, aber behutsam auszureiben. Bitte immer nur den sichtbaren Teil des Gehörgangs behandeln und nie mit Wattestäbchen hantieren! Da sich alle Vizslas gern im Wasser aufhalten und einige von ihnen sogar ausgiebig tauchen, sollten die äußeren Gehörgänge nach solchen Wasserorgien sorgfältig trocken getupft werden, damit sich keine Mittelohrentzündung oder Hauterkrankungen einstellen.

Augenpflege

Schützen Sie Ihren Vizsla vor Zugluft, um einer Bindehautentzündung vorzubeugen. Sollte Ihr Hund dennoch gerötete Lidschleimhäute oder sogar dickflüssigen eitrigen Augenausfluss haben, könnte eine bakterielle oder virale Infektion hinter diesen Symptomen stecken. Damit die Erkrankung nicht chronisch verläuft, ist es sinnvoll, eine Behandlung mit (antibiotischen) Augensalben, homöopathischen Mitteln (z. B. Euphrasia) oder Heilkräutern (Schafgarbe-, Eibischblätter-, Salbeitee-Kompressen) durchzuführen.

Die oben genannten Symptome können auch Hinweis auf eine Nickhauterkrankung, den sogenannten Follikelkatarrh, sein.

Gepflegt von Kopf bis Pfote: Strahlende Augen, saubere Ohren, weiße Zähne und ein glänzendes Fell.

Die Nickhaut (das dritte Augenlid) ist ein von Bindehaut überzogener Knorpel im inneren Augenwinkel, die dem Schutz des empfindlichen Augapfels dient. Im Erkrankungsfall ist sie mit zahlreichen roten Knötchen übersät, die wie kleine Reibeisen wirken und deshalb rasch eine erhebliche Schädigung der Hornhaut nach sich ziehen können. Ein Tierarztbesuch wird bei diesen Symptomen daher dringend empfohlen.

In den Augenwinkeln kann sich vor allem über Nacht Augensekret ansammeln. Dieses entfernt man am Morgen vorsichtig mit einem feuchten Lappen.

Gebisspflege

Die regelmäßige Kontrolle seines Gebisses gehört ebenfalls zur Pflege und Gesundheitsvorsorge Ihres Vizslas. Hat er ausreichend Gelegenheit, Büffelhaut- bzw. Fleischknochen, hart getrocknetes Vollkornbrot und Hundekuchen zu benagen, ist Zahnpflege zur Vermeidung von Belägen nicht nötig. Bereits den Welpen oder Junghund an das Zähneputzen zu gewöhnen, ist dennoch kein Fehler. Denn mangels nachlassenden Nagetriebes kann insbesondere beim alternden Tier Zahnpflege nötig werden. Zur Gebissreinigung eignen sich weiche Kurzkopfzahnbürsten und spezielle Hundezahnbürsten zusammen mit einer gegen Plaque wirksamen Hundezahnpasta am besten. Dicke Zahnsteinbeläge lassen Sie unbedingt vom Tierarzt entfernen. Sonst können hartnäckige Zahnfleisch- oder Zahnwurzelentzündungen sowie Parodontose die Folge sein.

Zahnentwicklung

Der Durchbruch des Milchgebisses (28 Zähne) erfolgt beim Magyar Vizsla im Alter von drei bis sechs Wochen. Der Wechsel zum bleibenden Gebiss beginnt mit drei bis vier Monaten mit den Schneidezähnen. Mit dem Durchbrechen der hinteren Backenzähne im Alter von rund sieben Monaten ist der Zahnwechsel abgeschlossen. Das Gebiss besteht nun aus 42 Zähnen. Achten Sie bei Ihrem jungen Hund auf persistierende Milchzähne, also auf Zähne seines Welpengebisses, die nicht ausgefallen sind, bevor die bleibenden Zähne nachschieben. Sie stören die Entwicklung des Erwachsenengebisses und sollten vom Tierarzt entfernt werden.

Pfoten- und Krallenpflege

Achten Sie unbedingt darauf, dass die Krallen, insbesondere die Daumenkrallen an den Vorderläufen, nicht zu lang werden. Sonst besteht Verletzungsgefahr, z. B. wenn die Krallen einwachsen, splittern oder Ihr Vizsla infolge von Schmerzen beim Auftreten seine Pfoten falsch belastet (sogenannte Spreizzehen), was wiederum zu Ballenabszessen oder sogar krankhaften Veränderungen der Gelenke führen kann. Wenn nötig schneiden Sie seine Krallen vorsichtig mit einer stabilen Krallenzange. Sollten Sie sich nicht sicher sein, wie weit Sie schneiden dürfen, tasten Sie sich Stück für Stück heran, damit Sie nicht in die Blut- und Nervenversorgung des Krallenbeines treffen.

Gerade im Winter sollten Sie zudem ein Auge auf die Pfoten Ihres Vizslas haben.

Denn Streusalz und feiner Splitt können ihnen erheblich zusetzen. Vorbeugend können Sie es mit dem Auftragen von etwas Melkfett probieren. Bei Bedarf empfiehlt sich gründliches Abwaschen mit lauwarmem Wasser, sorgfältiges Trockentupfen der Zehenzwischenräume und eventuell anschließendes Aufbringen einer pflegenden Salbe. Zu häufiger Salbeneinsatz kann die Pfotenhaut aufweichen und die Empfindlichkeit noch erhöhen. Bei Ballen- oder Krallenverletzungen hilft es, wenn Sie etwas Ringelblumensalbe einmassieren.

Parasitenprophylaxe

Ob Endoparasiten, die im Körperinneren leben, oder Ektoparasiten, die sich auf der Haut tummeln wie Zecken oder Flöhe, beide können – vor allem bei massivem Befall – die Gesundheit des Vizslas erheblich bedrohen. Angemessene Vorbeugung ist daher geboten.

Ektoparasiten
Flöhe, Läuse, Haarlinge

Zu unterscheiden sind die Hundelaus (Stechlaus) und der Hunde-Haarling (Beißlaus). Wie der Floh saugt die Stechlaus das

Blut des Hundes, während der Haarling sich von dessen Hautschuppen ernährt. Wichtig ist, den Befund vom Tierarzt abklären und den Vizsla gegebenenfalls behandeln zu lassen.

Die sprunggewaltigen dunkelbraunen Flöhe lassen sich selten blicken, winzige schwarze Krümel auf der Haut des Hundes, die sich mit etwas Wasser zu einer blutfarbenen Flüssigkeit zerreiben lassen, deuten auf Flohkot hin und somit auf einen Befall mit Flöhen. Bei kleinen weißen Schüppchen in seinem Fell könnte es sich um die Eier (Nissen) von Hundeläusen handeln.

Da sich Läuse im Fell aufhalten, genügt ein Bad mit insektentötenden Wirkstoffen, um den Vierbeiner von den Parasiten zu befreien. Anders ist es, wenn der Vizsla Flöhe eingeschleppt hat. Dann müssen Sie auch seinen Schlafplatz und alle Räume, in denen er sich aufgehalten hat, gründlich behandeln. Denn Flöhe finden sich immer nur kurzzeitig zum Blutsaugen auf dem Hund ein und verbringen die übrige Zeit am liebsten in seiner trockenen warmen Umgebung. Welche Behandlungsmethoden nach Flohbefall günstig sind, besprechen Sie bitte mit

Ihrem Tierarzt, denn unbehandelt kann sich rasch z. B. eine Flohstichallergie einstellen, die dem Vizsla schwer zu schaffen macht. Noch besser ist es, Vorsorge zu treffen, sodass sich erst gar kein Floh einnistet.

Da sowohl Flöhe als auch Haarlinge Zwischenwirte des auch auf den Menschen übertragbaren Kürbiskern-Bandwurms (*Dipylidium caninum*) sind, ist es bei Befall ratsam, mit dem Vizsla eine Entwurmung durchzuführen.

Zecken

Auch die im Frühjahr und Herbst massenweise auftretenden Zecken können ein hohes Erkrankungsrisiko mit sich bringen.

Die hierzulande am häufigsten anzutreffende Zeckenart ist der Gemeine Holzbock (*Ixodes ricinus*), der nicht nur als Hauptüberträger von Borrelien (den Erregern der Lyme-Borreliose, einer mit Lähmungserscheinungen einhergehenden schwerwiegenden Infektionserkrankung) gilt, sondern auch von FSME-Viren, den Auslösern der Früh-Sommer-Meningo-Enzephalitis, einer spezifischen Form der Hirnhautentzündung. Immer häufiger ist diese Zeckenart auch mit Bakterien der Gattung *Anaplasma phagocytophilum* infiziert, den Erregern der Hunde-Anaplasmose, einer Erkrankung, bei der bestimmte Typen weißer Blutkörperchen zerstört werden.

Auf dem Vormarsch sind zudem zwei weitere Zeckenarten, die ursprünglich nur in tropischen Klimaten zu finden waren, nämlich die Braune Hundezecke (*Rhipicephalus sanguineus*) und die zu den Buntzecken gehörende Auwaldzecke (*Dermacentor reticulatus*) samt ihrer gefährlichen Fracht, den Ehrlichien (das sind winzige Einzeller, die bestimmte weiße Blutkörperchen zerstören) und den Babesien (das sind Blutparasiten, die Hunde-Malaria auslösen).

Borreliose

Da Impfungen gegen die von Zecken übertragenen Borrelien nur ein sehr eingeschränktes Wirkspektrum besitzen und zur Aufrechterhaltung des Impfschutzes häufige Wiederholungsinjektionen nötig sind, ist bei zeckenexponierten Hunden eher zu einer gründlichen Zeckenabwehr als Erkrankungsprophylaxe zu raten statt zu einer Impfung.

Ektoparasitenabwehr

Am wirkungsvollsten ist die Abwehr mit Spot-on-Präparaten, die in recht kurzen Intervallen von vier bis acht Wochen auf die Haut des Hundes geträufelt werden. Auch wasserresistente Halsbänder können zur effektiven Abwehr dienen, müssen aber, sollte keine Sollbruchstelle vorhanden sein, vor jedem Schwimmen abgenommen werden, was bei dem wassernärrischen Magyar Vizsla nicht sehr praktisch ist. Heilkräuter und ätherische Öle wirken, wenn überhaupt, nur bei sehr geringem Parasitendruck. Von Knoblauchpräparaten ist wegen der Gesundheitsgefahren für den Hund ganz abzuraten. Das gewissenhafte Absammeln kann nur dann Abhilfe schaffen, wenn wenige dieser Plagegeister in der Natur vorkommen, ansonsten übersieht man zu viele. Hat eine Zecke erst einmal fest angedockt, kann sie meist sofort mit der Erregerüberleitung aus ihrem Speichel in den Hund beginnen. Nur bei den tief im Darm der Zecke verweilenden Borrelien dauert es länger (12 – 24 h), bis sie sich in deren Speichel wiederfinden und somit für den Hund infektiös werden. Trotzdem: Hat sich eine Zecke festgesetzt, raus damit, so schnell wie möglich und am besten mit einer Zeckenzange oder einem Zeckenhaken. Die Zecke dabei nicht quetschen!

Endoparasiten

Im Hundedünndarm kommen verschiedene Parasiten wie Bandwürmer, Rundwürmer (hauptsächlich Spulwürmer) sowie Giardien und Kokzidien (beides sind einzellige Mikroben) vor. Sie nutzen den Vierbeiner als Wirt und können dadurch seine Gesundheit beeinträchtigen. Unter den Bandwürmern sind es vor allem der Hundebandwurm (*Echinococcus granulosus*) und der Fuchsbandwurm (*Echinococcus multilocularis*) sowie die Giardien (*Giardia intestinalis canis*), die auch uns Menschen sehr gefährlich werden können. Daher sind regelmäßige mikroskopische Kotuntersuchungen auf Wurmbefall wichtig. Im Verdachtsfall wie bei unstillbarem Durchfall sollte gezielt auch auf die genannten Einzeller getestet werden. Ob tatsächlich behandelt, sprich mit Tabletten, Pasten oder Spritzen entwurmt werden muss, zeigt das Resultat.

Tipp
Vor dem Impfen entwurmen
Mindestens zehn Tage vor einer Schutzimpfung muss eine Entwurmung vorgenommen werden. Denn nur bei einem gesunden Hund können die Impfstoffe eine hohe Antikörperproduktion induzieren und damit einen ausreichenden Impfschutz gewährleisten. Entwurmungen wirken übrigens nur dann zuverlässig, wenn alle in einem Haushalt lebenden Tiere (z. B. auch Katzen) gleichzeitig behandelt werden.

Vizslas, die im Jagdeinsatz stehen, sind einem stärkeren Parasitendruck ausgesetzt. Auch kleine Verletzungen können öfter vorkommen.

Keine Mäusesnacks

Um die Belastung durch Entwurmungsmittel so gering wie möglich zu halten, müssen Sie Ihrem Vizsla bereits vom Welpenalter an verbieten, nach Mäusen zu graben und diese zu fressen. Die kleinen Nager sind oft Zwischenwirte des gefürchteten Hunde- bzw. Fuchsbandwurms. Ein erhöhter Wurmbefall bei mit Rohfutter ernährten Hunden konnte übrigens nicht nachgewiesen werden. Auch eine Infektion mit Giardien durch rohes Fleisch, Innereien oder Fisch ist nicht möglich – vorausgesetzt es handelt sich bei dem verwendeten Rohfutter um Produkte aus hygienisch einwandfrei geführten Betrieben.

Magen-Darm-Gesundheit

Zur täglichen Gesundheitsvorsorge des Vizslas gehört es auch, die Häufigkeit des Harnlassens und Kotabsetzens zu überwachen sowie die Konsistenz und Farbe seiner Ausscheidungen zu kontrollieren. Hochvolumige Kotausscheidungen können z. B. Zeichen schlechter Verdaulichkeit der Nahrung sein. Große Mengen an Urin sind nicht selten ein Hinweis auf eine sich anbahnende Zuckerkrankheit (*Diabetes mellitus*) oder z. B. eine Gebärmuttervereiterung (*Pyometra*). Vermehrtes Harnlassen bei unkastrierten Hündinnen, noch dazu an sehr markanten Stellen ihres Territoriums, ist dagegen nicht pathologisch, sondern deutet eher auf eine bevorstehende Läufigkeit hin. Tröpfelnder und schmerzhafter Harnabsatz kann durch Harnblasensteine bedingt sein.

Durchfall

Verschiedene Ursachen können Durchfall auslösen. Hauptsächlich sind es Ernährungsfehler. Aber auch Stress, Erkältungen, Darmparasiten, Bakterien, Viren, oder das Trinken größerer Mengen Salzwasser sowie Schneefressen können Durchfall zur Folge haben.

Wenn kein Blut beigemengt ist und der Hund nicht gleichzeitig erbricht, kann Durchfall durch Diät behandelt werden. Verordnen Sie Ihrem Vizsla einen Schonkosttag, an dem er nur Karottensaft oder geriebenen Apfel bekommt. Am folgenden Tag gehen Sie auf mageres, leicht verdauliches Fleisch (z. B. Pute) und gut gequollene Haferflocken oder sehr weich gegarten Reis über. Füttern Sie nur die Hälfte der Tagesmenge, und geben Sie das Futter auf drei bis vier Rationen verteilt. Statt Wasser empfiehlt sich Schwarztee. Auch ein Aufguss aus Schafgarbeblättern oder Kamillenblüten kann hilfreich sein.

Was hilft

Ein altbewährtes Hausmittel gegen Durchfall, das auch beim Vizsla meist Wunder wirkt, sind fein pürierte Brombeeren. Eine Handvoll Früchte pro Tag genügt. Oder Sie verordnen Ihrem Vierbeiner einen kompletten Fastentag, an dem Sie nur Flüssigkeit geben, damit es nicht zur Austrocknung kommt. Gut geeignet ist Schwarztee. Verwenden Sie den zweiten Aufguss und lassen Sie diesen mindestens 15 Minuten ziehen. So enthält der Tee viele Gerbstoffe, die Magen und Darm beruhigen, aber kaum mehr Tein, das den Hund aufputscht.

Schlitten fahren

Sollte Ihr Vizsla nach starkem Durchfall „Schlitten fahren", d. h. auf seinem Hinterteil vorwärtsrutschen, dann leidet er möglicherweise unter einer Entzündung der nahe des Afters gelegenen Analbeutel(drüsen). Ihr Tierarzt zeigt Ihnen, wie man diese Beutel ausdrückt. Da ein solches Verhaltensmuster auch durch starken Wurmbefall ausgelöst werden kann, sollten Sie – falls es nach dem Ausdrücken der Analbeutel nicht verschwindet – eine Entwurmung in Erwägung ziehen.

Erbrechen

Gelegentliches Erbrechen ist harmlos. Die Funktionalität des Verdauungstraktes eines Hundes ist dahingehend ausgerichtet, relativ leicht erbrechen zu können. Instinktsichere Elterntiere würgen ihren Welpen bereits ab der dritten Lebenswoche regelmäßig leicht vorverdautes Futter vor. Den Flüssigkeits- und Elektrolytverlust, der durch das Erbrechen ausgelöst wird, sollten Sie durch mehrere Prisen Kochsalz in reichlich Trinkwasser ausgleichen.

Sollte Ihr Vizsla jedoch wiederholt erbrechen oder zudem starken Durchfall zeigen, suchen Sie unbedingt den Tierarzt auf. Es könnten sehr ernsthafte Ursachen wie Erkrankungen der Bauchspeicheldrüse und der Nieren oder eine Vergiftung dahinterstecken.

Wird das erbrochene Futter sogleich wieder gefressen, liegt in der Regel keine Magen-Darm-Störung vor. Nicht wenige Vizslas verzehren zahlreiche ihrer Mahlzeiten genüsslich ein zweites Mal auf diese Weise. Dies ist ein ganz normales Verhalten.

Infektprophylaxe

Lassen Sie Ihren Vizsla weder mit streunenden Hunden noch beim Tierarzt mit möglicherweise kranken Tieren spielen. Achten Sie darauf, dass die Grundimmunisierung Ihres Welpen ordnungsgemäß durchgeführt wird, und halten Sie die Termine für Auffrischimpfungen genau ein. Dann brauchen Sie sich keine Sorgen zu machen, dass sich Ihr Hund mit einer schweren Infektionskrankheit wie beispielsweise Tollwut ansteckt.

Gegen hauptsächlich in den Tropen oder Subtropen vorkommende Krankheitserreger, die zum Beispiel durch Stechmücken übertragen werden, ist sein Immunsystem dennoch nicht gewappnet. Auch bei einem kurzen Spanien- oder Italienaufenthalt kann sich Ihr Vizsla zum Beispiel mit den dort heimischen Erregern der gefürchteten Herzwurmkrankheit *(Dirofilaria immitis)* infizieren und lebensgefährlich erkranken. Bitte bedenken Sie dies bei der Planung Ihrer

Urlaubsreise und besprechen Sie mit Ihrem Tierarzt eine mögliche Prophylaxe!

Wenn sich der Magyar Vizsla nach dem Schwimmen durch Bewegung warm halten kann, außerdem bei Nässe und Minusgraden nicht lang abliegen muss, können auch Erkältungskrankheiten und Harnwegsinfektionen vermieden werden. Außerdem steigern eine ausgewogene, vitaminreiche Ernährung, viel Bewegung, konsequente Körperpflege und u. U. der maßvolle Einsatz bestimmter Heilkräuter die Abwehrkräfte des Hundes und wirken somit krankheitsvorbeugend.

Impfplan

Einen allgemein gültigen Impfplan für Hunde gibt es nicht. Zu welchem Zeitpunkt, wogegen und wie oft geimpft wird, hängt von den jeweiligen Gegebenheiten ab. Dort, wo bestimmte Krankheiten immer wieder oder gehäuft auftreten, wo der allgemeine Infektions- oder Parasitendruck besonders hoch ist oder wo zahlreiche Hunde auf engem Raum zusammenkommen, sollte früher beziehungsweise häufiger oder gegen möglichst viele Infektionserreger geimpft werden.

Bestimmte Impfungen sind gesetzlich vorgeschrieben, andere nicht. Manche Impfungen sind nur nötig, wenn der betreffende Hund einem ungewöhnlich starken Erkrankungsrisiko ausgesetzt ist, wie etwa bei einem Auslandsaufenthalt in südlichen Ländern. Dort kann er mit speziellen Parasiten konfrontiert werden, zum Beispiel den erwähnten Herzwürmern oder auch den Babesien, denen sein Immunsystem ohne Impfung ziemlich machtlos gegenüberstünde. Manche Impfstoffe (Vakzine), so auch die Hundebabesiose-Vakzine, sind hierzulande (noch) nicht zugelassen, können aber in dringenden Fällen dennoch verabreicht werden. Die Thematik ist also äußerst vielschichtig. So ist es nicht verwunderlich, dass keine generellen Impfempfehlungen existieren.

Wiederholungsimpfungen

Es gibt unterschiedliche Auffassungen, ob bestimmte Auffrischimpfungen jährlich oder nach zwei Jahren durchgeführt werden sollen. Angesichts der immer häufiger auftretenden gravierenden Impfnebenwirkungen nach zu häufigen Applikationen darf darüber diskutiert werden, ob Auffrischimpfungen bei jedem Impfstoff notwendig sind. Denn zu viel Schutz, sprich zu kurze Impfintervalle, können den Stoffwechsel entgleisen und ein überbehütetes Immunsystem Kapriolen schlagen lassen, welche sich im Verlauf eines Hundelebens beispielsweise in heftigen Allergien äußern.

Läufigkeit der Hündin

Meist zweimal im Jahr, in der Regel im zeitigen Frühjahr und im Herbst, ist es soweit: Die unkastrierte Hündin verändert sich – sie wird läufig. Den Rhythmus und die Erscheinungen der Läufigkeit seiner Hündin sollte jeder Halter kennenlernen. So fällt es leichter, damit umzugehen, ohne das Tier aus Bequemlichkeit kastrieren zu lassen.

Verlauf

Der Sexualzyklus der Hündin gliedert sich in vier Phasen: Vorbrunst (Proöstrus), Brunst (Östrus), Rückbildungsphase (Metöstrus) und Ruhephase (Anöstrus). Die Abfolge dieser Phasen wird durch eine rhythmische Änderung des Sexualhormonspiegels im Blut des Tieres ausgelöst. Die Steuerung dieser Veränderungen übernehmen spezielle Gehirnzentren (Hypothalamus, Hypophyse) und die beiden Eierstöcke. Während des mehrmonatigen Anöstrus bleibt die Hormonkonzentration relativ konstant.

Fortpflanzungsfähigkeit

Eine Hündin bleibt bis ins hohe Alter fortpflanzungsfähig. Allerdings treten bei älteren Hündinnen (ab etwa dem siebten Lebensjahr) nicht selten Unregelmäßigkeiten im Sexualzyklus auf. Dabei kann die Läufigkeit verkürzt, aber auch stark verlängert sein. Sie kann bis zu dreimal jährlich oder auch nur einmal im Jahr auftreten. Meistens sind die Anzeichen der Läufigkeit im Alter auch weniger deutlich ausgeprägt. Je älter eine Hündin wird, umso schwächer wird ihr Ausfluss. Die genannten Abweichungen sind nicht krankhaft.

Sollte Ihre Vizsla-Hündin jedoch eitrigen Ausfluss aus der Scheide zeigen (in der Regel drei bis acht Wochen nach Beendigung der Läufigkeit) und dabei noch vermehrt Trinkwasser zu sich nehmen, suchen Sie bitte sofort den Tierarzt auf. Möglicherweise liegt eine Gebärmuttervereiterung (Pyometra) vor, die unbedingt behandelt werden muss.

Läufigkeitsphasen

Phase	Veränderung der Geschlechtsorgane	Verhaltensveränderung
Proöstrus 1.–10. Tag	Scheide schwillt an, Ausfluss setzt ein (ab 5. Tag), Ausfluss wird stark und dunkelrot (ab 7. Tag), Ausfluss wird schwächer und hellrot (ab 11. Tag)	Hündin setzt verstärkt Urin und somit Duftmarken ab, lehnt Rüden ab
Östrus 11.–16. Tag	Stark geschwollene Scheide wird weich, Ausfluss ist schwach, schleimig und rosa gefärbt	Hündin akzeptiert Rüden, legt Rute zur Seite
Metöstrus 17.–22. Tag	Scheide schwillt zunehmend ab, Ausfluss klingt vollständig ab	Hündin lehnt Rüden wieder ab

Scheinträchtigkeit

Manche Hündinnen verhalten sich einige Wochen nach Abschluss der Läufigkeit so, als ob sie befruchtet worden wären. Ihr Gesäuge schwillt an und es schießt Milch ein. Ihr Leibesumfang nimmt sichtlich zu. Manche Tiere zeigen sogar Nestbauverhalten und umsorgen ihre Spielsachen. Hündinnen, die diese Symptome zeigen, sind scheinträchtig.

Die Scheinträchtigkeit ist keine Krankheit. Hormonell gesehen wird jede Hündin nach einer Läufigkeit scheinträchtig, denn das schwangerschaftserhaltende Hormon Progesteron wird auch bei der nicht befruchteten Hündin nach Beendigung der Läufigkeit für kurze Zeit weiterhin gebildet.

Ob und wie man eine Scheinträchtigkeit behandelt, hängt vom Ausmaß der gezeigten Symptome ab. Reine Verhaltensänderungen bedürfen keiner Behandlung. Ist jedoch das Gesäuge so stark geschwollen, dass es der Hündin Schmerzen verursacht, sollte eine lokale Behandlung mit abschwellend wirkenden Salben durchgeführt oder die Milchbildung durch Gabe von Hormonpräparaten unterdrückt werden. Auch Homöopathika wie Küchenschelle (Pulsatilla D4) oder Kermesbeere (Phytolacca D1) können helfen.

Er liebt Wanderungen in Feld, Wald und Flur. Als Welpe und Junghund darf man dem Vizsla nicht zu viel zumuten, sonst kann sein Bewegungsapparat Schaden nehmen.

Krankheiten

Wird der Magyar Vizsla ausgewogen ernährt, angemessen beschäftigt und umsorgt, können sich sein Körper und sein Geist gut entwickeln und lange gesund und leistungsstark bleiben. Doch trotz bester Versorgung und Vorsorge sind Erkrankungen möglich, vor allem, wenn der Hund das genetische Potenzial dafür bereits in sich trägt. Glücklicherweise zählen Vizslas noch zu den recht gesunden Hunderassen, die derzeit von nur wenigen gravierenden Erbkrankheiten wie etwa der Hüftgelenkdysplasie und erblichen Augenerkrankungen betroffen sind.

Hüftgelenkdysplasie

Der Hüftgelenkdysplasie (HD) liegen krankhafte Veränderungen der Knochen des Hüftgelenks zugrunde. Betroffen sind die Hüftgelenkpfanne (das ist ein bestimmter Teil des Beckenknochens) und der Gelenkkopf des Oberschenkels. Die HD kann ein- oder beidseitig auftreten. Auch wenn bei potenziellen Zuchthunden gelegentlich ein sogenanntes „Vorröntgen" am wachen Jungtier durchgeführt wird, ist eine sichere Diagnose erst durch röntgenologische Untersuchungen zwischen dem 12. und 18. Lebensmonat und unter einer Vollnarkose möglich.

Krankheitsentstehung

Bei der Entstehung der Hüftgelenkdysplasie sind mehrere Gene ursächlich beteiligt. Darüber hinaus beeinflussen verschiedene Umweltfaktoren das Krankheitsbild. Es handelt sich also um eine polygenetisch, multifaktoriell bedingte Erkrankung, deren Auslösern auf die Spur zu kommen ungleich schwieriger ist als bei monogen gesteuerten und von Außenfaktoren unabhängigen Krankheiten wie etwa der PRA (siehe Seite 87). Schon aus diesem Grund gilt es bei der Zuchtplanung äußerst gewissenhaft vorzugehen, um die Krankheitsausbreitung nicht zu fördern. Begünstigend für den Krankheitsausbruch und einen schweren Verlauf wirken im Wesentlichen drei Faktoren:

Nicht jeder Hund, bei dem eine HD festgestellt wurde, zeigt auch tatsächlich Anzeichen einer Erkrankung. Es gibt Vizslas, die dennoch zeitlebens beschwerdefrei sind.

- Überbeanspruchung der Gelenke während des Wachstums, zum Beispiel durch zu häufiges Treppensteigen, zu ausgiebige Bewegung und durch Übergewicht,
- zu kalk-/kalziumarme, aber auch zu kalkreiche Ernährung und
- zu rasches Körperwachstum, vor allem induziert durch einen zu hohen Energiegehalt der Nahrung.

Zu reichlich gefütterte Welpen und Junghunde wachsen rascher und erreichen ihre genetisch vorgegebene Größe viel früher als sparsamer ernährte Tiere. Die für die Stabilität der Knochen nötigen Reifungsprozesse können bei einem solch raschen Wachstum nicht mithalten. Die Folge: eine ungesunde und ungleichmäßige Knochen- beziehungsweise Gelenkentwicklung und damit ein erhöhtes Risiko für die Ausprägung einer HD bei entsprechend veranlagten Hunden.

Auch bedarfsgerecht ernährte Vizslas können bei einem unausgewogenen Mineralstoffverhältnis Fehlentwicklungen zum Beispiel der Knorpel- und Knochenbildung aufweisen, so zum Beispiel durch zu kalziumarme Ernährung. Andererseits – und diese Erkenntnis setzt sich leider nur sehr zögernd durch – kann auch eine zu kalziumreiche Fütterung (beispielsweise durch die übertriebene Zufütterung von Futterkalk) erhebliche Skelettschäden hervorrufen und bei genetischer Prädisposition die Ausprägung einer HD begünstigen! Auch eine übermäßige Vitamin-D3-Fütterung (zum Beispiel in Form von Nahrungszusätzen) kann krankheitsbegünstigend wirken.

Behandlungsmöglichkeiten

Zeigt das Röntgenbild einen HD-positiven Befund, sollten Sie ganz besonders darauf achten, dass Ihr Vizsla schlank bleibt und starke Belastungen seines Bewegungsapparates vermieden werden. Auf keinen Fall aber dürfen Sie Ihren Hund zu sehr schonen und seinen Auslauf reduzieren. Bewegung stärkt die Muskulatur des Tieres und hilft so, die verminderte Beweglichkeit der krankhaft veränderten Gelenke abzufangen.

In bestimmten Fällen kann außerdem die regelmäßige und angepasst dosierte Verabreichung gelenkwirksamer Substanzen (zum Beispiel Glykosaminoglykane: GAG) zum Erhalt des Knorpels und zur Verbesserung der Qualität der Gelenkflüssigkeit bzw. zu deren Vermehrung beitragen. Die Verfütterung von Fisch kann über den hohen Gehalt an Omega-3-Fettsäuren helfen, die „Gelenkschmiere" aufrechtzuerhalten.

Um erkrankten Hunden unnötiges Leiden zu ersparen, ist in schweren Fällen eine Operation unumgänglich. Denn bei der Behandlung der Symptome, etwa mit entzündungshemmenden und schmerzlindernden Medikamenten, besteht die Gefahr, dass so temperamentvolle Hunde wie die Vizslas in dem Moment, in dem sie aufgrund der Medikation keine Schmerzen mehr verspüren, ihren Bewegungsdrang ausleben wollen. Folglich überlasten sie ihren Gelenkapparat – der zwar schmerzfrei, aber nach wie vor geschädigt ist – und dadurch verschlechtert sich das Krankheitsbild immer mehr.

Augenerkrankungen

Zu den erblich bedingten und zu starker Sehkraftverminderung bzw. Erblindung führenden Augenerkrankungen beim Magyar Vizsla zählen folgende Leiden:

· Progressive Retina-Atrophie (PRA), eine Krankheit, die durch langsam fortschreitende Reduktion von Blutgefäßen in der Netzhaut (Retina) des Auges gekennzeichnet ist.
· Retina-Dysplasie (RD), ein Krankheitsbild, bei dem sich die Netzhaut immer mehr vom Augenhintergrund ablöst.
· Erblicher grauer Star (heredity cataract: HC), eine vererbbare milchig weiße Eintrübung der Augenlinse.

Gerade der erbliche Netzhautschwund (PRA), der stets beide Augen betrifft, prägt sich meist erst in höherem Lebensalter aus. Sind Zuchthunde betroffen, haben sie ihre krank machenden Erbanlagen schon verbreitet. Glücklicherweise ist es heutzutage möglich, betroffene Tiere bzw. Träger anhand von DNA-Analysen bereits vor ihrem Zuchteinsatz zweifelsfrei zu identifizieren und so der Weiterverbreitung dieser schweren Erkrankung Einhalt zu gebieten.

Genetische Prädisposition

Zahlreiche Erkrankungen werden als (Prä-)Dispositionen vererbt. Das bedeutet, dass der Welpe noch nicht mit der jeweiligen Krankheit zur Welt kommt, dass er aber eine wesentlich größere Bereitschaft als andere Hunde mitbringt, diese Erkrankung irgendwann in seinem Leben auszuprägen. Die Wahrscheinlichkeit, dass die Krankheit ausbricht und schwerer verläuft, steigt, wenn der für diese bestimmte Erkrankung prädisponierte Hund zusätzlich mit den fördernden Umweltfaktoren konfrontiert wird. Die ererbten Veranlagungen für die Hüftgelenk-Erkrankung beim Magyar Vizsla sind ein Beispiel dafür.

Rezessiver Vererbungsmodus

Viele krankheitsauslösenden Gene (n) verhalten sich rezessiv (untergeordnet) gegenüber den dominanten Normalgenen (N). Sie führen erst dann zum Defekt, wenn sie paarweise auftreten. Hunde, die ein krank machendes Gen in einfacher Anzahl (Nn) im Erbgut tragen, erscheinen vom Phänotyp (das heißt von ihrem äußeren Erscheinungsbild) her gesund, können das Defektgen aber dennoch an ihre Nachkommenschaft weitergeben.

Sie werden als Träger bezeichnet. Trägt der andere Elternteil das Defektgen ebenfalls in einfacher Anzahl, kann es bei einzelnen Nachkommen zum Auftreten dieses Gens in „doppelter Dosis" und somit zum Auftreten der durch dieses Gen verursachten Erkrankung kommen. Beispiel für einen solchen Erbgang ist die Progressive Retina-Atrophie beim Vizsla. Diese Erkrankung ist demzufolge nur durch ein einziges Gen, also monogenetisch, verursacht.

Statistische Weitergabemöglichkeiten der PRA-Gene

Vater bzw. Mutter	Mutter bzw. Vater	Nachkommen
Krank (nn)	Krank (nn)	100 % krank (nn)
Krank (nn)	Träger (Nn)	50 % krank (nn) 50 % Träger (Nn)
Krank (nn)	Ganz gesund (NN)	100 % Träger (Nn)
Träger (Nn)	Träger (Nn)	25 % krank (nn) 25 % ganz gesund (NN) 50 % Träger (Nn)
Träger (Nn)	Ganz gesund (NN)	50 % ganz gesund (NN) 50 % Träger (Nn)

Haut- und Fellveränderungen

Haut- und Fellveränderungen können viele Ursachen haben. Oft liegt ihnen ein Befall mit Ektoparasiten zugrunde. Doch auch hormonbedingte Störungen oder Allergene (wie bestimmte Futterbestandteile oder Flohspeichel), selbst genetische Prädispositionen können dahinterstecken.

Schilddrüsenfehlfunktionen

Die mangelnde Hormonproduktion der Schilddrüse (Schilddrüsenunterfunktion) kann neben allgemeiner Abgeschlagenheit, Gewichtszunahme und Unregelmäßigkeiten der Läufigkeit auch zu ausgeprägten Haut- und Fellveränderungen beim Vizsla führen. Ein stumpfes, dünnes Haarkleid kann bei dieser auch als Hypothyreose bezeichneten Erkrankung ebenso auftreten wie verstärkte Schuppenbildung, Hautverdickungen, Schwarzfärbung der Haut sowie symmetrischer Fellausfall. Eine lebenslange Behandlung mit Thyroxin, einem Schilddrüsenhormon, bringt meist rasche Besserung.

Hautpilze

Da der Vizsla als Wasserfanatiker mehr Hauttalg produziert als die meisten anderen Hunderassen, hat er oft mit einer starken Besiedlung seiner Körperoberfläche mit Malassezien zu kämpfen. Malassezien sind nicht ansteckende, Fett liebende Hefepilze, die zur Hautflora gehören, aber bei starkem Auftreten und in feuchtwarmem Klima, wie etwa im Ohr, unter den Achseln oder in den Zehenzwischenräumen, zu langwierigen, schwer zu therapierenden juckenden Hautläsionen sowie zu verstärkter Geruchsbildung betroffener Hautareale führen. Neben einer lokalen Behandlung mit desinfizierenden Waschlösungen und pilzhemmenden Mitteln ist die Stärkung des Immunsystems für die Heilung von besonderer Bedeutung.

Sebadenitis

Eine offensichtlich erblich bedingte Hauterkrankung, die vor allem beim Kurzhaar-Vizsla auftritt, ist die sogenannte Sebadenitis oder Granulomatöse Sebadenitis (wegen auftretender Granulome, knötchenartigen Zellansammlungen). Es handelt sich um eine chronisch entzündliche Veränderung der Talgdrüsen, in deren Verlauf diese den Schutzfilm der Haut produzierenden Drüsen ihre Funktion einbüßen. Die Folgen sind eine extrem trockene, schuppige Haut und ein mattes sprödes Haarkleid. In späteren Stadien kommt es zu teils starkem Haarausfall,

*Vorsicht vor stark verschmutzten und veralgten Gewäs-
sern! Lassen Sie Ihren Vizsla dort nicht schwimmen! Nicht
nur seine Hautgesundheit könnte darunter leiden.*

wobei das Fell sogar büschelweise ausgeht.
Im Bereich des Rückens sind die Symptome
meist am deutlichsten. Der fehlende Talg-
schutzmantel führt zudem oft zu hart-
näckigen Sekundärinfektionen der Haut
etwa durch bakterielle Besiedlung.

Wie bei allen Hauterkrankungen ist die
Behandlung schwierig und das Ansprechen
individuell sehr unterschiedlich. Die besten
Ergebnisse werden durch stark rückfettende
Shampoo- und Hautölbehandlungen erzielt,
kombiniert mit der lebenslangen Gabe von
Vitamin E und Fischöl (beides hoch dosiert).

Krebs

Wie bei allen Hunderassen können auch
beim Magyar Vizsla bösartige Tumoren auftreten, die nicht selten von den Milchdrüsen,
der Prostata, der Bauchspeicheldrüse und
verschiedenen Hautzellen ausgehen können
(etwa Fettzellgeschwüre, sogenannte Lipo-
me, die in der Regel gutartig sind, außerdem
Mastzellgeschwüre, sogenannte Mastozyto-
me mit meist malignem Verlauf).

Da bei jeder Art von Krebserkrankung
immer auch eine erbliche Komponente vermutet wird, sollten Sie Ihren Vizslazüchter
unbedingt nach dem Auftreten von Tumor-
erkrankungen in seinen Linien befragen.

Myositis (Polymyositis)

Es handelt sich hierbei um eine entzündliche
Veränderung überwiegend der Kaumusku-
latur, die akut oder chronisch verläuft. Man
vermutet eine erbliche Komponente. Erste
Symptome sind starke Schluckbeschwerden
und heftiges Speicheln. Die Muskulatur im
Kopfbereich schwindet rapide, sodass die
Schädelknochen deutlich hervortreten.
Erweiterungen der Speiseröhre führen dazu,
dass größere Nahrungsbrocken immer wie-
der hochgewürgt werden, womit erkrankte
Hunde zusehends abmagern.

Die Behandlung erfolgt durch hoch dosierte Kortisongaben. Rückfälle sind jedoch
häufig. Da es sich um eine Autoimmun-
erkrankung handelt, können auch Immun-
suppressiva helfen.

Pankreatitis

Entzündliche Veränderungen der Bauchspeicheldrüse werden beim Vizsla ebenfalls
gelegentlich beobachtet. Solche recht schwer
zu diagnostizierende Pankreatiden können
akut auftreten und mit einem sehr schweren
Krankheitsbild einhergehen. Sie können
aber – dann meist weniger augenfällig –
einen chronischen Verlauf nehmen. Leitsym-
ptome sind Lethargie, Futterverweigerung,
Erbrechen, Durchfall, Fieber und Schmerzen. Bisweilen einer leichten Gastritis ähnlich und durch strikte Nahrungskarenz gut
zu behandeln, kann eine Pankreatitis auch
rasch zu einer tödlich verlaufenden Gewebe-
zerstörung mit Nierenversagen und Schock
führen. Schnelle Behandlung tut Not.

AUSBILDUNG &
BESCHÄFTIGUNG

Ausbildung & Beschäftigung

Erziehung leicht gemacht

Wer kennt es nicht, das Bild vom fröhlichen, umgänglichen, selbstsicheren und gehorsamen Hund, der seinem menschlichen Begleiter in kompromissloser Zuneigung schattengleich folgt? Viele Halter wünschen sich einen solchen Gefährten, aber nicht alle bemühen sich auch ernsthaft darum. Denn so herrlich zuverlässig wie in manchen Kino- oder Fernsehfilmen gezeigt, präsentieren sich Hunde nicht von Geburt an, auch nicht der Vizsla. Es erfordert gezielten Einsatz und viel Zeit für Wiederholungsübungen – sowie für gemeinsame Spielpausen nach getaner Arbeit –, um das Miteinander zu gestalten und auf Dauer zu erhalten. Doch als Rudeltiere, mit ihrem großen Bedürfnis, Gruppenanschluss zu finden, sind Vizslas wie geschaffen, innige Beziehungen zum Menschen einzugehen und sich widerspruchslos in ein hierarchisches Gefüge einzugliedern. Darüber hinaus sind sie auch bereit, den vielfältigen Aufforderungen ihrer Besitzer nachzukommen, vorausgesetzt sie verstehen, was die stimmgewaltigen Zweibeiner eigentlich von ihnen wollen. Nicht selten beginnen gerade hier die Probleme, denn es fällt uns oft ziemlich schwer, uns einem Hund unmissverständlich mitzuteilen. Das liegt vermutlich daran, dass wir hauptsächlich

Blickkontakt ist das A und O für den Erfolg einer Übung. Denn nur wer konzentriert ist, kann Signale erkennen und befolgen.

verbal kommunizieren und weniger über die bewusste Körpersprache. Dazu kommt, dass wir manchmal nicht einmal bemerken, dass auch die Hunde mit uns sprechen und uns damit ermöglichen, Rückschlüsse auf unsere eigenen Verhaltensweisen zu ziehen.

Die Antwort der Hunde

Was bedeutet es zum Beispiel, wenn ein Vizsla gähnt, sich hektisch kratzt, sich kurz über den Nasenschwamm leckt oder den Kopf abwendet, sobald man barsch mit ihm redet oder sich schnell auf ihn zubewegt? Mit diesen Signalen (man kennt sie auch unter der Bezeichnung calming signals, also Beschwichtigungsgesten) möchte er uns freundlich stimmen und deutlich machen, wie unangenehm er den gegenwärtigen Zustand empfindet. Also gilt es, die Situation rasch zu entschärfen, indem man ruhiger und bedachter reagiert. Und siehe da: Schon macht der Vierbeiner wieder freudig mit!

Doch nicht nur in Stresssituationen sind solche Gesten zu beobachten. Vizslas zeigen auch dann Signale der Überforderung, wenn sie dauerhaft mit unverständlichen Kommandosalven überschüttet werden oder menschlichen Verhaltensweisen ausgesetzt sind, die aus Hundesicht eine Bedrohung darstellen können. Das „lobende" Tätscheln des Kopfes zählt dazu, ebenso die bedrängende Umarmung beim „liebevollen" Schmusen. Überrascht es da, wenn die Lernfortschritte ausbleiben und die Vierbeiner den Spaß verlieren?

Etappenziele in kleinen Schritten

Haben Sie sich hingegen klare Lernziele gesteckt, die Sie mit Ihrem Vizsla erreichen möchten, und sich zudem genau überlegt, wie Sie den Zielen Schritt für Schritt und „Vizsla-gerecht" näherkommen können, werden sich – sofern Sie bei all Ihren Erziehungsmaßnahmen nicht das individuelle Naturell Ihres Tieres und die jeweiligen Umgebungsreize aus dem Blick verlieren – schnell Erfolge einstellen, die Ihr Team immer enger zusammenschweißen. Doch Lernveranlagungen unterscheiden sich. Nicht alle Vizslas begreifen die Lektionen gleich schnell. Falscher Ehrgeiz ist bei der Erziehung deshalb fehl am Platz.

Grundgehorsam

Schon als Neugeborene nehmen Vizslawelpen ihre Umgebung wahr und reagieren auf das, was ihnen widerfährt. Mit fortschreitender Reifung ihrer Sinnesorgane strömen immer mehr unbekannte Umwelteindrücke auf sie ein, die ihnen neue Erfahrungen vermitteln und ihr weiteres Verhalten bestimmen. Sekunde um Sekunde lernen sie hinzu, denn der Mechanismus Lernen lässt sich nie

mehr ausschalten. Bleibt die Frage, ob der „Stoff", den sie sich aneignen, tatsächlich derjenige ist, den wir befürworten und der den kleinen Vierbeinern eine positive Entwicklung zum ausgeglichenen Erwachsenen ermöglicht.

Damit der Lernfortschritt der Vizslakinder gleich zu Beginn in die gewünschten Bahnen gelenkt wird, darf jetzt nichts dem Zufall überlassen werden. Dies gilt für die kurze, extrem bedeutsame Lebensphase beim Züchter genauso wie für die kommenden Wochen bei den neuen Besitzern. Nur die behutsame Auseinandersetzung mit zahlreichen Umweltreizen und die zielgerichtete Förderung ihres gezeigten Verhaltens lassen die jungen Vizslas reifen und an ihren Erfolgen wachsen, lassen sie Sicherheit im Umgang mit ihrem Umfeld gewinnen, sodass sie schließlich zu verlässlichen Begleitern werden, die mit jeder neuen Herausforderung problemlos zurechtkommen.

Beißhemmung lehren

Früher nahm man an, die Beißhemmung sei angeboren. Heute weiß man, dass sie erlernt werden muss, am besten noch, bevor der Zahnwechsel des Welpen abgeschlossen ist.

Mit dem Üben beginnen Sie bereits in den ersten Minuten, die Sie mit Ihrem Vizsla verbringen. Jedes Mal ein lautes „Aua!" und ein abruptes Abwenden vom zwickenden Hundekind – und es weiß bald, dass es weder lustig noch unterhaltsam bleibt, wenn es Ihnen in die Haut kneift. Hunde untereinander verhalten sich auch so. Sie fiepen laut und lassen einen ruppigen Sparringpartner links liegen, wenn der nicht sanfter mit ihnen umgeht. Da ein Abbruch des Spiels jedoch nicht im Sinne des Grobians liegt, wird er seine Zähne in Zukunft vorsichtiger einsetzen.

Nach einer kurzen Unterbrechung wenden Sie sich Ihrem Welpen wieder zu und fordern ihn freundlich auf weiterzuspielen. Bleibt er angemessen zärtlich, loben Sie ihn gebührend. Durch diese Vorgehensweise bringen Sie ihm gleich ein paar wichtige Lektionen bei: erstens, dass Beißen und Zwicken ungeeignete Mittel sind, um Ihre Aufmerksamkeit zu erregen oder zu erhalten; und zweitens, dass allein Sie der Boss sind. Denn nur der Rudelchef gibt das Kommando zum Anfangen, Weitermachen oder Beenden einer gemeinsamen Unternehmung.

Ein Magyar Vizsla lässt sich relativ leicht erziehen und ausbilden – man braucht einzig und allein das richtige Gespür für ihn.

Folgetrieb nutzen

Hunde sind darauf programmiert, in einem festgefügten Familienverband zusammenzuleben. Gleichberechtigt sind die Rudelmitglieder jedoch nicht. Es herrscht eine klare Rangordnung, in der jedes Tier eine bestimmte Position innehat. Das vermindert Streitereien und damit Stress. Je durchsetzungsfähiger der Anführer dieser Lebensgemeinschaft ist und je überzeugender er auftritt, umso bereitwilliger ordnen sich die Mitglieder unter. Auch mit dem Sozialpartner Mensch hält ein Hund es nicht anders. Und so schließt sich ein Magyar Vizsla bereits im Welpenalter vertrauensvoll demjenigen an, der am meisten Sicherheit vermittelt, gewöhnlich einem Erwachsenen in seinem neuen „gemischten Rudel". Ihm folgt er nun auf Schritt und Tritt und lässt ihn so gut wie nie aus den Augen.

Von klein an zum Team

Nutzen Sie den sogenannten Folgetrieb und bauen Sie ihn aus. Schon auf den ersten Rundgängen im Haus oder Garten können Sie damit beginnen. Hüpft Ihr Welpe freudig hinter Ihnen her, nimmt unterwürfigen Kontakt auf, verfolgt alles mit großem Interesse, lässt sich zudem spielerisch auf den Rücken drehen und von Ihnen an jeder Stelle seines Körpers berühren und gründlich untersuchen, loben Sie ihn jedes Mal dafür. Stecken Sie ihm ein Futterbröckchen zu oder streicheln Sie ihn mit lobenden Worten. Das bestätigt ihn und zeigt ihm, wie angenehm es ist, mit Ihnen zusammen zu sein. Je freundlicher Sie alles gestalten, umso lieber macht er mit. Zugleich ist dies eine wunderbare und verblüffend einfache Art, den kleinen Vizsla immer stärker an sich zu binden! So werden Sie bald ein gutes Team.

Aufmerksamkeit fördern

Machen Sie Ihren Vizsla ganz gezielt, zum Beispiel durch Spielzeug, das Sie ihm zeigen oder mit interessanten Geräuschen über den Boden hüpfen lassen, auf sich aufmerksam, und belohnen Sie ihn mit freudigen Worten oder einem kurzen Spiel, wenn er gleich auf Sie und Ihre Bewegungen achtet. Auch seinen Namen sollten Sie immer wieder rufen und ihn gebührend loben, wenn er sich interessiert zeigt – also sofort von seiner Beschäftigung aufschaut und Blickkontakt aufnimmt. Später können Sie zum Erreichen der Aufmerksamkeit und des Anschauens ein stimmliches Signal einführen, etwa „Schau!".

Auch das Herankommen können Sie jetzt bereits mit Ihrem Vizsla üben (siehe Seite 112: „Die wichtigsten Signale").

Beschäftigen Sie sich während der ersten Wochen so oft es geht mit Ihrem kleinen Hund und unternehmen Sie möglichst alles zusammen. Das bindet ihn immer stärker an Sie! Überlassen Sie Ihren jungen Vizsla nie zu lang sich selbst, weder zu Hause noch beim Spazierengehen. Er soll erst gar nicht erfahren, dass es auch ohne Sie lustige Sachen gibt.

Nicht hochspringen

Für ein rangniederes Tier ist es oberstes Gebot, ranghohen Gruppenmitgliedern Respekt zu zollen. Ihr Vizsla wird Sie deshalb untertänigst begrüßen, wenn Sie nach Hause kommen, und er wird alles daransetzen, Sie milde zu stimmen, wenn Sie ungehalten sind. Er versucht es, indem er sich auf den Rücken rollt und sein Bäuchlein zeigt, womöglich noch ein paar Tropfen Harn dabei absetzt, oder indem er, wie früher bei seiner Hundemama, Ihre Mundwinkel ableckt. Da wir Menschen oft wesentlich

größer sind, müssen die Tiere an uns hochspringen, um unser Gesicht zu erreichen. Das wiederum mögen wir nicht sonderlich gern und maßregeln sie nicht selten dafür. Was bleibt den unverstandenen Vierbeinern anderes übrig, als immer vehementer zu hüpfen und zu schlecken, um ihrer Unterwürfigkeit Nachdruck zu verleihen?

Schnell abwenden

Damit Ihr Vizsla lernt, weder an Ihnen noch an anderen Menschen hochzuspringen, sollten Sie sich jedes Mal abrupt von ihm abwenden und ihn sofort ignorieren, sobald er dieses Verhalten auch nur ansatzweise zeigt. Mit Zuwendung, in Form von Abwehren oder Schimpfen, erreichen Sie nämlich genau das Gegenteil: Ihr Vizsla wird in seinem Fehlverhalten bestärkt, was dazu führt, dass er es zukünftig öfter zeigen wird. Wenn Sie ihn dagegen durch Nichtbeachtung strafen, wird irgendwann auch der quirligste Hund aufgeben und sich vor Ihnen niederlassen: Das ist der richtige Moment, um ihn zu loben – nicht zu heftig, damit er nicht gleich wieder aufspringt, aber doch mit sichtbarer Freude und viel Anerkennung.

Allein bleiben

Sie als Rudeloberhaupt verfügen über sämtliche Annehmlichkeiten. Hat Ihr Vizsla ebenfalls uneingeschränkten Zugang dazu, wird er rasch glauben, auch er sei ranghoch. Demnach ist es nicht unangemessen, ihm gelegentlich Privilegien vorzuenthalten. Auch Sie selbst als eine der wichtigsten Annehmlichkeiten in seinem Leben sollten für Ihren Vizsla nicht ständig verfügbar sein. Obwohl es für einen Welpen nicht gerade zu den selbstverständlichsten Ereignissen gehört, verlassen zu sein, muss er doch frühzeitig lernen, für kurze Zeit allein zu bleiben. Der Entwicklung von Trennungsängsten wird so wirkungsvoll vorgebeugt.

Langsam daran gewöhnen

Am besten klappt das Alleinbleiben, wenn der Vierbeiner müde ist oder sich gerade mit einem interessanten Spielzeug oder Kauknochen beschäftigt. Ohne Aufhebens davon zu machen, gehen Sie für einen Augenblick aus dem Raum und schließen die Tür hinter sich. Kurz danach kommen Sie wieder herein – ebenfalls ohne großes Hallo. Dehnen Sie die Dauer des Wegbleibens täglich etwas aus, und trainieren Sie das Ganze schließlich auch im Auto. Aber übertreiben Sie es noch nicht!

Nicht schimpfen!

Hat Ihr Vizsla während Ihrer Abwesenheit etwas Unpassendes zerkaut oder womöglich sein Geschäftchen auf dem Teppich verrichtet, schimpfen Sie nicht mit ihm. Ignorieren Sie das Missgeschick, auch wenn es schwerfällt. Hat Ihr Kleiner erst einmal erfahren, dass Ihre Rückkehr mit Unannehmlichkeiten verbunden ist, fürchtet er sich in Zukunft vielleicht davor, dass Sie überhaupt weggehen.

DER VIZSLA SCHEINT EIN UNTRÜG-
LICHES GESPÜR FÜR SEIN GEGENÜBER
ZU HABEN (OB MENSCH ODER TIER) UND
STELLT SICH UNGEWÖHNLICH SCHNELL
AUF DESSEN VERHALTENSWEISEN EIN.

Hilbert Glaser; Vizslahalter

*Erst trainiert man auf Abstand zu den Rindern und
belohnt ihn für aufmerksamen Blickkontakt.
Bald ist es für den jungen Vizsla selbstverständlich,
unbekümmert an den großen Kühen vorbeizugehen.*

Selbst ein vier Monate alter Vizsla sollte nie länger als 15 Minuten allein sein, weder zu Hause noch in Ihrem Fahrzeug. Nur so lässt sich eine enge Bindung aufbauen. Außerdem möchten Sie ja erfahren, womit sich Ihr Kleiner die Zeit vertreibt und was er alles lernt: Fehlverhalten schleicht sich schneller ein, als einem lieb ist!

Spielend lernen ein Leben lang

Wie jeder Hund lernt auch der Magyar Vizsla durch Versuch und Irrtum oder, anders ausgedrückt, durch Erfolg und Misserfolg. Das heißt, er probiert verschiedene Verhaltensweisen aus, um ein bestehendes Problem zu lösen. Die Reaktionsmuster, die dabei zum Erfolg führen, merkt er sich und setzt sie später in derselben oder in ähnlichen Situationen häufiger und schließlich gezielt ein.

Jene Verhaltensweisen hingegen, die keine positiven Auswirkungen zur Folge haben, zeigt er in entsprechenden Situationen immer seltener, schließlich gar nicht mehr.

Wissbegierige Welpen

Wille und Talent, anhand solcher Erlebnisse zu lernen, sind im Welpenalter besonders stark ausgeprägt. Niemals mehr in seinem Leben ist ein Vizsla so wissbegierig und lernfreudig wie in seinen ersten sechs Lebensmonaten. Doch ein Vizslakind ist kein kleiner Erwachsener – es muss erst heranreifen, sowohl geistig als auch körperlich. Noch ist es nicht in der Lage, sich für längere Zeit auf eine bestimmte Aufgabe zu konzentrieren und Kommandos perfekt auf komplizierte Bewegungsabläufe zu übertragen oder Höchstleistungen zu vollbringen. Mag der Welpe noch so pfiffig und unternehmungs-

lustig wirken, man darf ihm nicht zu viel zumuten, sonst ist er bald frustriert und verliert den Spaß an allem, was Lernen bedeutet.

Der ehrgeizige Halter muss sich demzufolge gedulden und bestimmte Lektionen auf später verschieben. Denn Grundsteinlegung heißt die Devise, nicht Perfektion! Wichtiger als der Gesamtumfang der Lektionen ist die Begeisterung des Vizslas für jede einzelne der darin enthaltenen Übungen. Dies gilt nicht nur im Welpen- und Junghundealter, auch erwachsene Vizslas sind nur dann eifrig bei der Sache, wenn Lernen fröhlich gestaltet wird und wenn es Aussicht auf Erfolg verspricht. Überforderung ist kein guter Lehrmeister. Wenn Sie Ihren Welpen immer genau beobachten, werden Sie rasch erkennen, wann er genug hat. Obwohl die Zeit der Sozialisation recht kurz ist: Zu viel hineinpacken dürfen Sie nicht!

Lernen durch positive Bestärkung

Anfänglich belächelt und als wenig Erfolg versprechend abgetan, gewinnt die Erziehung über „positive Bestärkung" immer mehr Anhänger. Denn bei dieser Methode bedarf es keiner körperlichen Einwirkung, um dem Hund etwas beizubringen. Allein die genaue Beobachtung seiner spontan gezeigten Verhaltensweisen und die gezielte Reaktion darauf genügen, ihm Lerninhalte zu vermitteln. So zu üben, klappt immer – egal wie alt der Hund ist und welchen Ausbildungsstand er erreicht hat. Denn Verhaltensweisen, mit denen sich Annehmlichkeiten wie Belohnungen erringen lassen, werden häufiger gezeigt. Verhalten, das unangenehme Ereignisse nach sich zieht (beispielsweise den Entzug von Zuwendung), wird möglichst vermieden. Das ist das Grundprinzip des Lernens – nicht nur beim Vizsla.

Das rege Kontakthalten ist eine Spezialität des Vizslas – wieso also nicht während der täglichen Spaziergänge kurze Übungen einflechten? Das macht Spaß, stärkt die Bindung und fördert die Lernbereitschaft.

Probieren Sie es doch einfach aus! Zeigen Sie Ihrem Vizsla ein Leckerchen und führen Sie es mit einer deutlichen Geste zwischen Ihre Augen: Er schaut Sie an, mit Sicherheit! Und schon haben Sie den freundlich ungezwungenen Blickkontakt, für den Sie Ihren aufmerksamen Vierbeiner belohnen können.

Lockmittel wie Futterstückchen oder Spielzeug sind ideale Hilfsmittel, um das Interesse des Vizslas zu wecken und in eine bestimmte Richtung zu lenken. Sie dürfen allerdings nie dazu herhalten, den Vierbeiner an der Nase herumzuführen. Das durchschaut er schnell und lässt sich nicht mehr damit aus der Reserve locken!

Richtig belohnen

Die Aussicht auf Belohnung motiviert. Wer motiviert ist, macht gern mit und lernt besser. Schon deshalb empfiehlt es sich, bei der Erziehung seines Hundes auf lohnende Anreize zu setzen. Für Futter, ein kurzes Spiel, aber auch für Streicheleinheiten und liebevolle Zuwendung sind Vizslas meist sofort bereit, etwas Bestimmtes zu tun – und das mit dem für die Rasse so typischen Feuereifer. Probieren Sie einfach aus, was Ihren vierbeinigen Gefährten besonders anspornt, und wechseln Sie gelegentlich zwischen den Belohnungsarten, damit es für Ihren Schüler spannend bleibt.

Das perfekte Timing

Voraussetzung dafür, dass die Belohnungen neben der Motivation auch gezielt bestimmte Verhaltensmuster verstärken, ist die enge

Aus der Reserve gelockt

Doch was tut man, wenn der Vizsla eine gewünschte Verhaltensweise nicht von sich aus zeigt? Selbst dann braucht man sich keine Sorgen zu machen, denn Verhalten lässt sich provozieren. Sicher nicht, indem man dem Vierbeiner den Kopf festhält und ihm dabei in die Augen starrt, um Blickkontakt zu erzwingen, sondern, indem man ein Lockmittel zur Motivation einsetzt.

Lernen mit dem Knackfrosch

Eine besonders zeitnahe Bestätigung lässt sich mit akustischen Stimuli erreichen, etwa mit einem verbalen Lob, einem definierten Pfiff oder einem Klickgeräusch (z. B. durch den Clicker), mit dem man die gewünschte Reaktion des Hundes unmittelbar belohnt. Wieso ein solcher Reiz für ihn belohnend wirkt, fragen Sie? Ganz einfach: Er verbindet damit das Angenehme, das ihm gleich widerfahren wird, nämlich das Leckerchen, das er nun aus Ihrer Hand bekommt.

Am Beispiel des Clickers, einem kleinen Knackfrosch, funktioniert dies in mehreren Schritten:

1. Konditionierung auf den Clicker

Ihr Vizsla ist dicht bei Ihnen, Sie klicken ein Mal mit dem Knackfrosch und stecken ihm sofort ein Belohnungshäppchen zu. Diesen Vorgang wiederholen Sie so lange, bis er erkannt hat, dass das Geräusch eine Futterbelohnung verspricht. Sie erkennen den Zeitpunkt daran, dass Ihr Vischel sein Häppchen jetzt regelrecht einfordert, sobald der Click ertönt.

2. Verhalten formen

Nehmen wir an, Sie möchten, dass Ihr Vizsla ein Stöckchen, das Sie in der Hand halten, mit der Schnauze antippt. Wenn er sich bei dieser Übung auch nur ein kleines bisschen in Richtung Stöckchen bewegt, klicken Sie sofort und geben ihm rasch seinen Futterbrocken. Bei jedem Versuch, bei dem er nun etwas näher dahin gelangt, wohin Sie ihn bringen möchten, wird er wieder bestärkt. Jetzt schnuppert er bereits am Stöckchen, prima: klicken, Leckerchen usw. Click & Treat (C/T) nennt man dieses Verfahren im angelsächsischen Sprachraum.

3. Verknüpfung mit dem entsprechenden Kommando

Wenn die Ausführung des gewünschten Verhaltens gut funktioniert, geben Sie Ihr Sichtzeichen (später zusätzlich Ihr Signalwort) und danach unmittelbar das Klickgeräusch sowie die verdiente Belohnung. Wiederholen Sie auch dies ein paarmal.

Für besonders gute Leistungen sollten Sie nicht mehrfach clicken. Erhöhen Sie stattdessen die Futtermenge, die Sie dafür austeilen.

zeitliche Beziehung zwischen einem Verhaltensmuster und der Aushändigung der Belohnung. Denn Hunde lernen durch Verknüpfung. Das heißt, sie setzen nur die Dinge miteinander in Beziehung, die immer wieder kombiniert und in extrem kurzem Zeitabstand hintereinander auftreten. Mehr als zwei Sekunden dürfen nicht vergehen! Muss man zuerst umständlich in der Tasche nach Spielzeug oder Leckerchen kramen, hat der Vizsla längst vergessen, wofür er die Belohnung eigentlich bekommt.

Richtig verknüpft?

So einfach es ist, bestimmte Verhaltensweisen mit Belohnungen zu verstärken, so schwierig ist es, tatsächlich das gewünschte Verhalten zu treffen. Nehmen wir an, Ihr Vizsla hat sich auf das Hörzeichen „Sitz!" hingesetzt, doch während Sie noch nach Ihren Belohnungshäppchen suchen, springt er wieder auf. Nun geben Sie ihm ein Leckerli. Welche Erfahrung macht er? Er glaubt, fürs Aufstehen belohnt zu werden und nicht fürs Hinsetzen. Er verknüpft also falsch, nämlich das Signal „Sitz!" mit „Aufstehen".

Was sonst noch belohnt

Auch das Spiel mit Artgenossen kann eine Belohnung darstellen und damit verhaltensverstärkend wirken, ebenso das Schnuppern und Markieren beim Freilauf. Wenn Sie Ihren Vizsla jedes Mal in dem Moment freigeben, in dem er an der Leine zerrt, um diesen Annehmlichkeiten endlich näher zu kommen, bestärken Sie ihn in seinem Fehlverhalten. Gewähren Sie ihm Freilauf besser erst, nachdem er eine Kleinigkeit für Sie getan hat, etwa Stillsitzen, Anschauen oder Pfötchengeben. So behalten Sie die Kontrolle.

Erfahren, was erlaubt ist: Zeigt Ihr Vischel beim Training einmal Zeichen psychischer Überlastung, spielen Sie mit ihm. Das lenkt ab und löst die Anspannung.

Winseln gegen Krallenschneiden

Sogar das Ausbleiben oder Aufhören eines als unangenehm empfundenen Ereignisses kann ein Hund als Belohnung und damit als Bekräftigung seines Handelns verstehen. Stellen Sie sich vor, Sie schneiden Ihrem Vizsla die Krallen. Der Hund startet ein mitleiderregendes Winselkonzert, zieht seine Pfote zurück und verkriecht sich unterm Küchentisch. Sie beschließen, mit dem Krallenschneiden später fortzufahren, und lassen ihn gewähren. Schon hat er gelernt, dass sein Verhalten Erfolg hat. In Zukunft wird er sich heftiger gegen das Krallenschneiden sträuben. Was Sie zur Durchsetzung allerdings nie anwenden dürfen, ist unnötiger Druck oder gar Gewalt. Fahren Sie einfach fort und überzeugen Sie ihn durch Konsequenz.

Häufig belohnen

Damit Verknüpfungslernen funktioniert, muss die Belohnung nicht nur punktgenau, sondern auch regelmäßig erfolgen. Zu Beginn des Trainings sollte der Vizsla deshalb ausnahmslos jedes Mal belohnt werden, wenn er eine Übung richtig ausgeführt hat. Erst nach zahlreichen Wiederholungen (je nach Übungsintensität sind das meist mehrere Wochen), werden die Belohnungen seltener gegeben.

Häppchen nach dem Zufallsprinzip

Damit seine Motivation erhalten bleibt, darf nicht zu schnell reduziert werden: Man belohnt zunächst nur noch jede zweite gelungene Übung, dann jede dritte und so weiter. Schließlich erfolgen die Belohnungen in unregelmäßigen Zeitabständen, also unvorhersehbar für den Vierbeiner, und in wechselnder Menge – einmal gibt es überhaupt nichts, ein anderes Mal ein einziges Bröckchen, dann wieder den Hauptgewinn, nämlich eine ganze Handvoll. Das hält bei Laune und der Vizsla führt das Gelernte von Übung zu Übung zuverlässiger aus. Gänzlich unbelohnt sollte aber selbst der Profi nicht bleiben, denn Verknüpfungen können wieder schwächer werden, wenn sie nicht regelmäßig aufgefrischt, also belohnt und damit bestärkt werden.

Besonders freudig, schnell und nachhaltig lernen Vizslas, wenn man

- spontan gezeigtes erwünschtes Verhalten sofort belohnt und damit verstärkt (= positive Bestärkung).
- gewünschte Reaktionsweisen bereits dann belohnt, wenn sie erst ansatzweise gezeigt werden. Das Verhalten lässt sich so „formen" (= shaping), also gezielt zum endgültigen Reaktionsmuster hinleiten.
- Erfolge regelrecht hervorruft, etwa durch den gezielten und geschickten Einsatz von Lockmitteln. Die Tiere können so die Lösung selbst finden, das stärkt ihr Selbstvertrauen.
- auf zahlreiche Wiederholungen setzt, bevor die nächste Schwierigkeitsstufe folgt.

Lernpraxis

Hunde kommunizieren hauptsächlich über Körpersprache. Da verwundert es nicht, dass sie sehr intensiv auf optische Reize reagieren. Vor allem Bewegungen erregen schnell ihr Interesse. Das lässt sich für ihre Erziehung und Ausbildung nutzen, etwa durch den gezielten Einsatz von Sichtzeichen (zum Beispiel den erhobenen Zeigefinger fürs Kommando „Sitz!"). Doch Geduld ist gefragt und zahlreiche Wiederholungen der einzelnen Übungsschritte. Denn selbst der pfiffige Vizsla muss erst einmal erkennen und verstehen, was ein bestimmtes Kommando bedeutet und wie es in die gewünschte Aktion umgesetzt werden kann.

Signale

Um es seinem vierbeinigen Schüler leichter zu machen, kann man Lockmittel einsetzen und damit seine Aufmerksamkeit auf ein Bewegungsmuster richten, das dem späteren Sichtzeichen sehr ähnlich ist. Indem er diesem Bewegungsmuster folgt, wird er automatisch in die gewünschte Position gelenkt und sofort dafür belohnt. Nach und nach wird ihm klar, dass dieses Verhalten in direk-

ter Beziehung zu der vom Menschen ausgeführten Bewegung steht. Die Bewegung mit dem Lockmittel kann nun zum reinen Sichtzeichen werden. Da der Vizsla das Bewegungsmuster jetzt schon erwartet, wird er vermutlich keine Fehler machen und das gewünschte Verhalten zeigen. Auch hier wird er sofort belohnt. Wenn nach einigen Tagen die gewünschte Reaktion allein auf Sichtzeichen sicher ausgeführt wird, kommt das dazugehörige Hörzeichen ins Spiel: Unmittelbar VOR dem Zeigen des optischen Signals wird es gegeben. So lernt er, auch das Hörzeichen mit der entsprechenden Reaktion zu verknüpfen.

Hörzeichen

Das zunächst übertrieben deutlich ausgeführte Sichtzeichen wird allmählich schwächer, schließlich gar nicht mehr gegeben. Damit gewinnt das akustische Signal an Bedeutung und Ihr Vizsla lernt das gewünschte Verhalten allein auf das Hörzeichen hin auszuführen. Damit die Bedeutung des optischen Signals nicht in Vergessenheit gerät, müssen Sie gelegentlich ohne Hörzeichen, also wieder nur mit Sichtzeichen, üben.

Soll der Vizsla neben der Stimme auch andere akustische Kommandos befolgen, etwa Pfeifensignale, müssen diese separat trainiert werden. Nichts ist einfacher als schon den Welpen mit einem „TÜT-TÜT" auf der Hundepfeife, dem sogenannten Doppelpfiff, zum Futternapf zu rufen. Später wird er auf das Signal sofort zu Ihnen flitzen.

So wird Üben erfolgreich

- Trainieren Sie nur dann, wenn Sie ausgeglichen sind und auch Lust dazu haben, Ihrem Vizsla etwas beizubringen. Die Aufmerksamkeit des Hundes allein genügt nicht, damit sich Fortschritte einstellen.
- Üben Sie mehrmals am Tag, aber immer nur ein paar Minuten lang. Das steigert die Begeisterung Ihres Hundes und damit den Lerneffekt.
- Nehmen Sie sich immer nur kleine Übungsschritte vor, die Ihr Vizsla auch begreifen kann. Erst wenn ein Abschnitt sicher klappt, wird der nächste in Angriff genommen, denn der Hund muss die Chance bekommen, richtiges Verhalten zu zeigen und dafür Lob und Belohnungen zu sammeln. Stress und Überforderung sind schlechte Lehrmeister.
- Üben Sie zuerst in ablenkungsarmer Umgebung (z. B. in der ruhigen Wohnung), dann mit etwas mehr Umgebungsreizen (z. B. wenn Radio oder Fernsehgerät laufen). Erst wenn drinnen alles gut klappt, trainieren sie draußen, zunächst im Garten, dann auf dem Spaziergang. Die höchste Schwierigkeitsstufe ist das Gehorsamstraining in Anwesenheit anderer Menschen und/oder Hunde. Beginnen Sie damit nicht zu früh.
- Trainieren Sie an wechselnden Orten, denn Hunde können nur schlecht verallgemeinern. Das heißt, sie müssen erst lernen, dass ein bestimmtes Kommando unabhängig vom Umfeld (etwa Lärmpegel, Untergrund, Tageszeit) ausgeführt werden muss.
- Ob Sicht- oder Hörzeichen – geben Sie Kommandos nur ein einziges Mal und setzen Sie durch, dass sie befolgt werden. Ansonsten werden Ihre Aufforderungen zum „Hintergrundrauschen" und Ihr Vizsla reagiert zunehmend unpräziser darauf.
- Beenden Sie das Training immer dann, wenn es gut läuft – eine Wiederholung zu viel, und Ihr Vierbeiner macht womöglich einen Fehler. Das Üben sollte immer mit einem Erfolg und der anschließenden Belohnung enden.

Korrekturen

Körperliche Strafen verwirren den Vizsla und lassen ihn unsicher werden. Zum Aufbau eines Vertrauensverhältnisses sind sie völlig ungeeignet. Besser wirkt das Ignorieren, also der Entzug von Zuwendung, oder andere aus der Hundewelt entlehnte Reaktionsweisen wie etwa das Wehgeschrei.

Ein gutes Mittel ist, die Aufmerksamkeit des Vizslas umzulenken – weg vom Interesse, das unerwünschtes Verhalten zur Folge haben könnte, hin zu einer Ersatzbeschäftigung. Allerdings muss man rechtzeitig erkennen können, was der Hund als Nächstes geplant hat. Ein Beispiel: Ihr Vizsla beginnt plötzlich, sich steif fortzubewegen, sein Körper strafft sich – gleich wird er den entgegenkommenden Hund anpöbeln. Schnell holen Sie sein Tau aus der Tasche, und während Sie Ihren Hund damit spielerisch ablenken, haben Sie ihn schon am potenziellen Widersacher vorbeigesteuert. Es ist keine Korrektur nötig, stattdessen können Sie korrektes Verhalten kräftig loben!

Verbotszeichen „Nein"

Auch das Trainieren eines Verbotssignals wie „Nein!" kann helfen, Ihren Vizsla von unerwünschten Aktivitäten abzuhalten beziehungsweise ihn wieder davon abzubringen. Macht Ihr Welpe etwa Anstalten, sich über die Teppichfransen herzumachen, sagen Sie mit tiefer Stimme und sehr bestimmt „Nein!". Dieses unfreundlich geäußerte Hörzeichen kennt er nicht, folglich wird er kurz in seinem Vorhaben innehalten und aufschauen.

Jetzt loben Sie ihn für seine Aufmerksamkeit. Vermutlich reizen ihn die Teppichfransen immer noch, und Ihr Vierbeiner möchte wieder versuchen, darauf herumzukauen. Erneut erntet er ein strenges „Nein!". Noch ein paar Wiederholungen – und er hat begriffen!

Wehret den Anfängen

Besonders effektiv verläuft das Lernen, wenn das „Nein!" nicht erst ertönt, wenn Ihr Welpe die Fransen bereits beknabbert, sondern schon kurz vorher, nämlich dann, wenn er sich gerade anschickt, dies zu tun. Auch milde „Strafaktionen", die Ihr Vizsla nicht mit Ihnen in Zusammenhang bringt, eignen sich, ihm unerwünschtes Verhalten abzugewöhnen: Da hindert ein Stapel Kissen oder ein unangenehm ziependes Doppelklebeband daran, auf Sofa oder Eckbank zu klettern – da lärmt das Schnitzel auf dem Küchentisch fürchterlich, wenn der Vierbeiner auch nur die Pfote nach ihm ausstreckt, weil nun Dosen oder Topfdeckel scheppernd herunterkrachen – da „explodiert" der Mülleimer, der mit einem Luftballon gegen den Ruten wedelnden Dieb präpariert war – da treffen den Hund ein paar Wasserspritzer aus der Wasserpistole, der immer noch nicht kapiert hat, dass Anspringen tabu ist, und so weiter.

Ob beim Gehorsams-, Dummy- oder Jagdtraining: Damit Reglementierungen gar nicht erst nötig werden und der Vizsla möglichst keine Fehler machen kann, beginnt man bereits im jungen Alter und trainiert auch an der Leine.

Die wichtigsten Signale
KOMM

Das Kommen auf Zuruf ist leicht zu trainieren. Beginnen Sie bereits im Welpenalter damit. Freuen Sie sich jedes Mal riesig mit Ihrem kleinen Vizsla, wenn er Ihnen überallhin folgt. Machen Sie gerade dann ein paar auffordernde Bewegungen, um ihn heranzulocken, wenn er ohnehin schon auf dem Weg zu Ihnen ist, und belohnen Sie ihn gleich dafür. Nach einigen Übungen rufen Sie dabei freundlich auffordernd „Komm!" oder „Hier!" (oder pfeifen Ihr „TÜT-TÜT" mit der Hundepfeife) und bewegen sich gleichzeitig einige Meter von ihm weg. Auf Ungarisch können Sie Ihren Vizsla natürlich auch heranrufen. „Gyere ide!", heißt es da, gesprochen: djäre idä. Falls nötig, zeigen Sie Ihrem Hund dabei das Leckerchen, das Sie für ihn bereithalten. So angelockt, wird er bestimmt schnell zu Ihnen flitzen. Sobald er Sie erreicht hat, bekommt er die Belohnung.

Rufen und verstecken

In einem weiteren Übungsschritt rufen Sie gezielt seinen Namen, um sein Interesse zu wecken. Zeigt er sich aufmerksam, fordern Sie ihn auf, zu Ihnen zu kommen.

Bewegen Sie sich dabei mit lockenden Gesten ein Stückchen in die entgegengesetzte Richtung. Ist Ihr Vizsla bei Ihnen angelangt: Belohnen nicht vergessen! Reduzieren Sie allmählich die auffällige Gestik beim Weglaufen und rufen Sie schließlich nur noch das Hörzeichen. Ab und zu begeben Sie sich dabei auch außer Sichtweite. Bitten Sie eine vertraute Person, Ihren Hund kurz festzuhalten, damit er Ihnen nicht schon hinterherläuft, bevor Sie sich überhaupt verstecken konnten. Ein Vizsla lässt seinen Menschen bekanntlich äußerst ungern aus den Augen.

Üben Sie das Herankommen zunächst in der Wohnung, an möglichst unterschiedlichen Orten und mit den verschiedensten Lockmitteln – mit der gefüllten Futterschüssel oder einem Spielzeug.

Für Abwechslung sorgen

Damit Ihr Hund auch draußen immer freudig zu Ihnen kommt, wenn Sie ihn dazu auffordern, gestalten Sie auch dort das Abrufen abwechslungsreich – vor allem dann, wenn er schon etwas älter ist, wenn Sie mit diesen Übungen beginnen. Einmal verstecken Sie sich, bevor Sie ihn rufen. Ein anderes Mal suchen Sie am Boden nach etwas.

*Spaß und Abwechslung vermitteln dem kleinen Vizsla
Sicherheit und schaffen Vertrauen – die Grundlage für
enge Verbundenheit auf beiden Seiten.*

Einmal bekommt Ihr Hund für das Herankommen eine große Portion Belohnungs-
happen und darf danach frei laufen. Wieder
ein anderes Mal schließen Sie ein kurzes
gemeinsames Spiel an, oder Sie belohnen ihn
mit einem besonders schmackhaften Bissen
und nehmen ihn für ein paar Schritte an die
Leine, bevor Sie ihn wieder laufen lassen. So
bleibt das Herankommen spannend, und Ihr
kleines Cleverchen stellt nie die verhängnis-
volle Verbindung her: „Immer dann, wenn
ich zu meinem Menschen laufe, ist's mit dem
freien Schnüffeln und Toben vorbei."

Rückruf-Fallen vermeiden

Wenn Sie dem vergnüglichen Schnupper-
ausflug Ihres Vizslas jedes Mal ein abruptes
Ende setzen, indem Sie ihn an die Leine nehmen, wenn er brav zurückgekommen ist,
oder wenn Sie ihn womöglich ausschimpfen,
weil er zuvor etwas Unerwünschtes getan
hat, wird er mit der Zeit immer zögerlicher
kommen, da er unangenehme Erfahrungen
mit dem Herankommen verbindet. Auch
sollten Sie nicht zu früh damit beginnen,
Ihren Magyar Vizsla aus dem Spiel mit Artgenossen abzurufen. Entweder nimmt er Ihr
Rufen überhaupt nicht wahr, oder er empfindet es nur als Standortmeldung Ihrerseits
und ignoriert es mehr und mehr. Warten
Sie mit dem Rufen lieber, bis Ihr Vierbeiner
Blickkontakt sucht.

Nach dem Herankommen sollten Sie weder
hastig noch von oben herab nach Ihrem Hund
greifen. Er könnte sich dadurch bedroht
fühlen und Ihrer Hand künftig ausweichen.
Vermeiden Sie auch, sich über ihn zu beugen.
Das verunsichert Ihr Tier.

SEINE BEGEISTE-
RUNGSFÄHIGKEIT
UND SANFTMUT
SPRECHEN MICH
BEIM MAGYAR
VIZSLA BESON-
DERS AN.

Renate Meinert; Vizslahalterin

SITZ

Sitzen können schon die Allerkleinsten. Doch wie bringt man ihnen bei, es auf Kommando zu tun? Nehmen Sie ein Leckerchen zwischen Daumen und Zeigefinger und rufen Sie Ihren Vizsla beim Namen. Schaut er Sie interessiert an, halten Sie ihm den Leckerbissen vor die Nase und bewegen Ihre Hand langsam auf seine Stirn zu. Er wird Ihrer Bewegung folgen und sich setzen. Sofort bekommt er das Leckerli. Wenn Sie das mehrmals täglich üben, können Sie bald zum nächsten Schritt übergehen und das reine Sichtzeichen geben. Mit dem erhobenen Zeigefinger – diesmal ohne Leckerli – führen Sie Ihre Hand über den Kopf des Hundes. Setzt sich der Vierbeiner, geben Sie ihm sofort einen winzigen Happen mit der anderen Hand und schicken ihn wieder zum Spielen. Zunächst genügt das Handzeichen, um den Vizsla in die Sitzposition zu dirigieren. Nach ein paar Übungen können Sie das stimmliche Signal, etwa „Sitz!" (oder auf ungarisch: „Ül!"), hinzufügen, später, wenn Sie mögen, auch den sogenannten Sitz-Pfiff (ein lang gezogenes TÜÜÜ) auf der Hundepfeife.

Sitzen bleiben

Sobald das Hinsetzen (sowohl auf Sicht- als auch auf Hörzeichen) ausnahmslos klappt, zögern Sie die Übergabe des Belohnungshappens etwas hinaus. So lernt Ihr Vizsla, auch für längere Zeit ruhig sitzen zu bleiben. Klappt auch dies, können Sie sich ein paar Schritte entfernen, während Ihr Vierbeiner sitzend wartet. Kehren Sie in langsamen Schritten gleich zu ihm zurück und geben ihm sein verdientes Leckerchen. Wichtig: Auch dabei muss er noch sitzen bleiben. Erst wenn Sie ihn freigeben, zum Beispiel mit der Aufforderung „Lauf!", darf er sich trollen. Damit Ihnen Ihr anhänglicher Vizsla nicht schon folgt, wenn Sie sich von ihm wegbewegen, entfernen Sie sich zunächst nur, indem Sie rückwärtsgehen und deutliche Sicht- und Hörzeichen geben: Der Zeigefinger bleibt erhoben – dazu das Hörzeichen „Sitz!". Beginnen Sie nicht zu früh damit, die Deutlichkeit der Signale zu reduzieren und Ihrem Hund beim Weggehen den Rücken zuzuwenden oder sogar außer Sicht zu gehen. Sie wollen Ihrem Hund schließlich die Chance geben, richtig zu handeln. Sollte er doch aufstehen, bringen Sie ihn kommentarlos zur Ausgangsstelle zurück und beginnen die Übung von vorn. Oder Sie bitten jemanden, den Ihr Vizsla gut kennt, ihn festzuhalten.

PLATZ

Ob beim Welpen oder einem erwachsenen Vizsla – beginnen Sie folgendermaßen: Nehmen Sie einen kleinen Leckerbissen zwischen Daumen und Zeigefinger. Die Handfläche zeigt zum Boden. Locken Sie Ihren Hund aus der Steh- oder Sitzhaltung in die liegende Position, indem Sie Ihre Hand dicht an seinem Fang vorbei langsam in Richtung seiner Vorderbeine bewegen. Um dem verlockenden Duft bequemer folgen zu können, wird er sich schließlich hinlegen. Bingo! Jetzt darf er das Leckerli aus Ihrer Hand fressen.

Geduldsspiel für Temperamentsbolzen

Diese Übung erfordert Geduld, denn ein Vizsla zählt nicht gerade zu den Temperamentslosen. Gern springt so ein Vierbeiner zwischendurch auf oder versucht, das Leckerchen aus Ihrer Hand zu scharren. Verzichten Sie in einem solchen Fall darauf, den Hund hinunterzudrücken. Warten Sie ab, bis er sich von selbst hinlegt. Dann erst fassen Sie ihn an und streichen ihm sanft lobend über den Rücken. Hat Ihr Vizsla begriffen, worum es geht, bleibt die Hand mit dem Leckerbissen etwas länger verschlossen. So lernt er, einen Moment länger liegen zu bleiben. Viele Wiederholungen sind nötig, bis das Leckerli verschwinden und zum reinen Handzeichen schließlich auch das Hörzeichen „Platz!" hinzugefügt werden kann. Zudem sollte jeder Hund lernen, auch dann gehorsam liegen zu bleiben, wenn sein Besitzer sich nicht in unmittelbarer Nähe aufhält und wenn Ablenkungen zum Aufstehen reizen (siehe unter SITZ Seite 115).

Fuß

Ein paar Schritte an lockerer Leine zu gehen, können schon die Kleinsten lernen – und sie sollten es auch, denn frühzeitiges Üben zahlt sich aus, ein Leben lang. Halsband beziehungsweise Brustgeschirr müssen dem kleinen Schüler vertraut sein, bevor die Leine angeklickt und mit dem Unterricht begonnen wird. Stellen Sie sich dicht neben Ihren Hund, sodass die Leine locker hängt, und fordern Sie ihn zum Blickkontakt auf. Schaut er Sie an, ist die erste Belohnung fällig! Ist er abgelenkt, nimmt keinen Kontkt mit Ihnen auf oder bewegt sich zappelnd hin und her, sodass die Leine straff gezogen wird, gibt es nichts. So lernt Ihr Vizsla, dass die Annehmlichkeiten nur zu ergattern sind, wenn er Sie anschaut und die Leine gleichzeitig locker bleibt. Das ist die erste und wichtigste Etappe auf dem Weg zur perfekten Leinenführigkeit. Erst wenn alles sicher funktioniert, gehen Sie ein paar Schritte mit ihm. Wenn nötig, locken Sie Ihren Vizsla durch

Was tun?

- **Wenn sich Ihr Vizsla in die Leine stemmt**, geben Sie dem Zug nicht nach! Er könnte das als Belohnung werten und zukünftig immer heftiger ziehen. Bleiben Sie stattdessen einen Moment stehen. Gibt er nach und die Leine hängt locker, loben Sie Ihn und gehen weiter. Noch besser ist es, wenn Sie Ihrem Vierbeiner erst gar nicht ermöglichen, die Leine straff zu ziehen, sondern ihn schon vorher durch ein kurzes Hörzeichen (z. B. ein Geräusch oder Kommando) darauf hinweisen, dass es gleich einen abrupten Stopp geben wird. Registriert er dieses Signal, belohnen Sie ihn.
- **Wenn Ihr Vizsla hinter Ihnen bleibt,** animieren Sie ihn, mit einem Geräusch oder durch ein Leckerchen, aufzuholen. Kommt er trotzdem nicht mit, halten Sie nicht an! Gehen Sie forschen Schrittes weiter, sodass er Ihnen folgen muss (aber bitte nicht an der Leine reißen und ihn voranzerren!). Ein Stehenbleiben würde Ihr Hund als Bestätigung seines Verhaltens verstehen und künftig häufiger zurückbleiben.

interessante Geräusche und zeigen Sie ihm sein Belohnungsleckerchen. Stecken Sie ihm den Bissen aber erst in dem Moment zu, in dem er auf Sie achtet und nicht zerrt. Gehen Sie freudig, bestimmt und ungezwungen voran. Auch das motiviert Ihren Vierbeiner. Hat Ihr Vizsla mal einen schlechten Tag und nichts will gelingen, geben Sie ihn nach zwei halbwegs gelungenen Schritten frei und spielen kurz mit ihm.

Anhalten auf Aufforderung und überall: Für einen erwachsenen Vizsla sollte das nichts Besonderes sein – dann hat er ansonsten alle Freiheiten der Welt.

Mini-Sequenzen

Trainieren Sie das „lockere An-der-Leine-Gehen" mehrmals täglich, anfangs aber nur ein paar Sekunden lang. Beginnen Sie mit wenigen Schritten und dehnen Sie die Entfernungen langsam aus. Belohnen Sie Ihren Vizsla zunächst bei jedem Schritt, den er ordentlich geht. Allmählich verringern Sie die Häufigkeit und die Menge der Belohnungen. Gestalten Sie das Üben abwechslungsreich. Machen Sie ein paar Schlangenlinien, einige enge Linkskreise, eine Kehrtwendung usw. Wenn Sie gewissenhaft und gründlich vorgehen, wird es nicht lange dauern, und Sie können auch unter Ablenkung üben. Schließlich können Sie sogar die Leine abnehmen und ein kurzes Wegstück „Frei bei Fuß" probieren. Sie werden sehen: Es klappt. Ihr Vierbeiner ist so konzentriert auf das, was Sie da mit ihm veranstalten, dass er gar nicht bemerkt, dass die Leine unsichtbar geworden ist.

Behutsam steigern

Doch verlangen Sie nicht zu viel von Ihrem Schüler! Gehen Sie nur wenige Schritte und belohnen Sie ihn oft. Steigern Sie die Anforderungen behutsam, aber lassen Sie dabei ab und zu Ihr neues Hörzeichen fallen, etwa „Fuß!". Sprechen Sie es stets freundlich auffordernd aus, nie streng, und freuen Sie sich mit Ihrem Vierbeiner, wenn er brav mitläuft. Denken Sie daran, ihn jedes Mal liebevoll aufmerksam zu machen und gut gelaunt zu locken, wenn er vorpreschen möchte oder zurückbleibt!

Tipp
Flexi-Leine

Der kurzzeitige Einsatz einer flexiblen Aufrollleine, z. B. in einem Naturschutzgebiet, ist entweder erst dann empfehlenswert, wenn der kleine Vierbeiner die Leinenführigkeit sicher beherrscht (weil es sonst vorkommen kann, dass er sich leichtes stetiges Voranziehen am Halsband angewöhnt), oder wenn Sie ihm statt des Halsbandes ein Brustgeschirr angelegt haben, bei dem es dem Vizsla durchaus erlaubt ist, ab und zu etwas zügiger vorauszulaufen, statt nur an Ihrer Seite zu gehen. Verwenden Sie dann anstelle des „Fuß!" besser ein anderes Hörzeichen.

Anschließend ist ein gemeinsames Tobespiel angesagt: Das hat sich Ihr Hund verdient.

Bis Ihr Vierbeiner Sie ohne Leine – auf Kniehöhe und dicht an Ihren Körper geschmiegt – aufmerksam, über lange Strecken und an spielenden Artgenossen vorbei begleiten kann, wird noch viel Zeit vergehen, doch den Grundstein dafür haben Sie bereits gelegt.

HALT

Ein sinnvolles Hörzeichen für den Magyar Vizsla ist das „Halt!" („Steh!" oder „Stopp!"). Dieses Signal bedeutet: Sofort anhalten und seelenruhig abwarten, bis der Mensch zum Weiterlaufen auffordert. Besonders dann, wenn der Vizsla Wild entdeckt hat, ist das verlässliche Verharren Gold wert – auch und vor allem für den nicht jagenden Hundehalter.

Verweisen fördern

Als typischer Vorstehhund hält der Vizsla ohnehin kurz inne, wenn er etwas Spannendes entdeckt hat. Bereits als Welpe tut er das. Das Ausdrucksverhalten ist leicht zu erkennen und der geübte Vizsla-Besitzer bemerkt schon das leichte Rucken, das diesem charakteristischen Anzeigen beziehungsweise Verweisen vorausgeht. Nun heißt es freundlich und möglichst leise: „Haaaalt!, „Brav, Halt!" zur Bestätigung seines gewünschten Verhaltens. Denn genau das ist es, was Sie haben wollen. Loben Sie Ihren Vizsla immer für eine solche Verhaltensweise und zeigen Sie ihm, wie sehr Sie sich darüber freuen. Tun Sie es aber nicht zu überschwänglich, sonst feuern Sie ihn womöglich an und „schieben" ihn erst recht voran.

Sacht loben

Hält er sich dicht neben Ihnen auf, ist das Bestätigen leicht. Steht er wie angewurzelt etwas weiter von Ihnen entfernt, ist seine gezeigte Leistung bravouröser, jedoch schwieriger zu bestätigen. Denn Sie müssen zuerst zu Ihrem braven Vierbeiner hinkommen, ohne ihn in Bewegung zu versetzen. Am besten ist es, wenn Sie ihm währenddessen entspannt und flüsternd mitteilen, wie toll sie sein gelassenes Vorstehverhalten finden: „Haaalt", Brav, Halt!" Sind Sie bei ihm angelangt, streichen Sie Ihrem Vizsla ohne Hast mehrmals behutsam über den Rücken und wiederholen Ihre Worte. So können Sie seine Spannung aufrechterhalten und ihm gleichzeitig zeigen, dass es das beharrliche Einfrieren seiner Aktionen ist, das Sie so begeistert.

Nichts übertreiben

Verlangen Sie von Ihrem Hund nicht zu viel. Lenken Sie sein Interesse bald um, indem Sie ihn wieder auf sich konzentrieren (durch Blickkontakt, ein Leckerli oder indem Sie ihn ein Apportel tragen lassen) und anschließend gemeinsam von dannen ziehen. Ihr Hund soll seine Aufmerksamkeit zwar weiterhin auf das gewitterte Objekt, das er vielleicht sogar sehen kann, richten und es Ihnen auf diese Weise anzeigen. Und, er soll von Mal zu Mal ein klein wenig länger davor verharren. Trotzdem dürfen Sie zu Beginn solcher Übungen das Ganze nicht zu sehr ausdehnen, damit er nicht doch noch in Bewegung gerät. Sollte es trotzdem passieren, genügt meist ein bestimmtes „Nein!" und Ihr Hund hält wieder kurz an. (Bei einem aufmerksamen Vizsla ist das besonnene schrittweise Nachziehen an der Tagesordnung und nicht das überstürzte Nachhetzen.) Nun müssen Sie sehr rasch reagieren und ihn wieder loben.

Wild in Sicht

Sie brauchen wildreiche Gebiete nicht zu meiden – auch nicht mit einem Jagdhund. Im Gegenteil: Nutzen Sie diese zum Üben. Je häufiger Sie Ihren Welpen anfangs auf Interessantes hinweisen, selbst auf Wildtiere, und ihn anschließend für sein gezeigtes Verweisen bestätigen, umso besser. Festigen Sie das Verhalten durch zahlreiche Wiederholungen und dadurch, dass Sie ihn immer für seine famose Leistung loben. Wenn Sie ihn in seinem Tun bestärken, wird er in Zukunft immer öfter in dieser Weise reagieren.

Zeig mir, was du gefunden hast

Vergessen Sie nicht, das Entdeckte gebührend zu bewundern. Auch so bringen Sie Ihrem Vizsla nahe, wie sehr Sie sein Verhalten wertschätzen. Er hat Sie schließlich auf etwas hingewiesen, das Sie ohne ihn nie entdeckt hätten, oder? Mit dieser Vorgehensweise gewinnen Sie nicht nur enormes Ansehen bei Ihrem Schützling. Sie werden in solchen Situationen zukünftig auch keine Leine brauchen, aus Angst, er könne aus Ihrem Wirkungskreis verschwinden. Ein gut geprägter Magyar Vizsla will gefallen. Er braucht das Zusammenspiel mit seiner engsten Bezugsperson.

„DER VIZSLA IST
DAS, WAS WIR AUS
IHM MACHEN."

Karsten Kamber,
Jäger und Vizslaführer

Wieso also sollte er sich aus dem Staub machen? Außerdem kündigt jeder Vizsla an, was er im nächsten Moment vorhat. Sie müssen nur lernen, es zu erkennen und seine Aktionen richtig einzuschätzen. Nehmen Sie sein Angebot zum Blickkontakt an, reagieren Sie darauf! Zeigen Sie Ihrem Hund, was Sie jetzt von ihm erwarten!

Jagdersatz

Vergessen Sie bitte nicht, dass abgebrochene Jagdsituationen auf Dauer Frust erzeugen können. Belohnen Sie Ihren Vierbeiner nach solchen Vorkommnissen möglichst oft mit einer spannenden „Ersatzjagd", etwa mit

An der langen Leine

Bei einem älteren Tier, etwa einem Hund aus dem Tierschutz, können Sie nicht mehr nur auf den welpentypischen Folgetrieb oder sein ungetrübtes Vertrauen setzen. Hier trainieren Sie sicherheitshalber mit der langen Leine. Auch bei einem jagdlich sehr ehrgeizigen Vierbeiner ist es von Vorteil, mit einer solchen Notbremse auf Nummer sicher zu gehen und das Anhalten ganz gezielt zu üben. Nehmen Sie sich ungefähr zwei Wochen Zeit dafür. Bringen Sie Ihren Vizsla mehrmals täglich an unterschiedlichen Orten und mit verschiedenen Tierarten in Verleitsituationen, und Sie werden sehen: Das Vertrauen wächst – auf beiden Seiten, und erhebliche Besserung zeichnet sich ab.

seinem Lieblingsdummy an der Reizangel (siehe Seite 126), und indem Sie, sooft es Ihnen möglich ist, mit ihm spielen. Ob Frisbeescheiben-Fangen, Slalom durch die Beine, Versteck- und Geschicklichkeitsspiele, Spielzeug- oder Leckerli-Suchen, Duft- und Farbenunterscheidungs-Aufgabenlösen: Ein Vischel ist für alles zu haben. Probieren Sie es aus! Literatur für detaillierte Spielanleitungen finden Sie im Anhang.

Beschäftigungsideen für nicht jagdlich geführte Vizslas

Im Zickzackkurs über die Wiese

Was der jagdlich geführte Vizsla bei seiner Arbeit im freien Feld oft praktiziert, ist die Quersuche. Das ist eine planmäßige Suche nach vorn, jeweils schleifenförmig von einer Seite zur anderen, wobei ihm keine Duftinformation von Wildtieren, die sich dort aufhalten bzw. aufgehalten haben, entgeht. Seine Aufgabe ist es, das Wild über dessen Geruchsstoffe ausfindig zu machen, vorzustehen, und, nachdem der Mensch es geschossen hat, zu apportieren. Bei seiner temperamentvollen Suche – man nennt es auch Revieren – arbeitet der Vizsla mit hoher Nase. Das heißt, er hält seinen Riecher in den Wind, anstatt ihn, wie etwa bei der Fährtenarbeit (die deutlich langsamer vonstatten geht), relativ dicht über dem Boden zu führen. Schon den Kleinsten bereitet diese Beschäftigung Spaß. Denn hier können sie mit viel Speed über eine Wiese oder einen

Acker stürmen und ihren „Gefühlen" freien Lauf lassen. Grund genug, bald mit dieser Übung anzufangen – und das nicht nur beim eigentlichen Jagdbegleiter.

Gemeinsam suchen

Beginnen Sie beispielsweise damit, dass Sie bei Ihren täglichen Erkundungsgängen flott zusammen über eine Wiese marschieren – immer in weit ausgelaufenen Zickzacklinien. Ihr Vizsla wird Ihnen voller Tatendrang hinterher flitzen und Sie überholen. Das ist der Moment, indem Sie abrupt im 45 Grad-Winkel abbiegen, um in der neu eingeschlagenen Richtung weiterzugehen, so lange, bis er Sie erneut überholt. Helfen Sie ihm, indem Sie beim Abbiegen mit dem weit ausgestreckten Arm in die entsprechende Richtung weisen. Mit der Zeit wird Ihr Vierbeiner Ihrem Muster immer besser folgen und schließlich eigenständig suchen.

Wählen Sie zum Üben schmale lange Flächen mit wenig Bewuchs, und gewöhnen Sie Ihren Vizsla daran, die von Ihnen gewünschte Entfernung systematisch abzusuchen und nicht bereits vorher abzubrechen und sich anderweitig zu beschäftigen. Wenn Sie an der Stirnseite des gewählten Geländes vorher ein Dummy oder ein Stück Wild ausgelegt haben, wird Ihr Vischel jubeln: Erst wird er vorstehen, und sobald Sie ihn dazu auffordern, wird er es holen und zu Ihnen bringen.

Im Zickzack über die Wiese: Nach links flitzen, kurzer Haken, wieder zurück! Wo liegt wohl das Dummy? Ein kurzer Blick zu Frauchen genügt und weiter geht's.

Die reizende Angel

Für ein lustiges Spiel oder zum gezielten Lernen dient sie gleichermaßen, die sogenannte Reizangel. Mit ihr lässt sich zwar hauptsächlich der Spaß am Beutemachen fördern, doch auch die Lust am Bringen und sogar korrektes Vorstehen kann man damit trainieren. Bereits beim Welpen sollten Sie mit dem Üben beginnen. Achten Sie aber darauf, dass sich Ihr Vierbeiner nicht übernimmt.

Einfach gebastelt

Sie brauchen: einen Besenstiel, ein dünnes Sisalseil, eine leere PET-Flasche (eventuell mit Schraubverschluss) – und natürlich Spiellaune. Das eine Ende des Seils verknoten Sie gut mit der Aufhängung des Besenstiels, das andere Ende schieben Sie, nachdem Sie in den Boden der Flasche ein Loch gebohrt haben, dort hindurch und setzen, sobald es am Flaschenhals erscheint, zwei feste Knoten. Dann das Seil wieder zurückziehen,

fertig! Möchten Sie mit Leckerchen arbeiten, füllen Sie diese in die Flasche und schrauben den Deckel zu.

Wenn Ihr Vizsla bei dem Prozedere zuschauen durfte, wird er fast vor Neugier platzen. Ansonsten sagen Sie ihm jetzt Bescheid und bitten ihn nach draußen. Wählen Sie einen Ort im Freien, an dem Sie genügend Platz haben, am besten auf einer kurz gemähten Wiese o. Ä., denn das turbulente Spiel mit dem langen Seil erfordert viel Raum.

Das Spiel beginnt

Führen Sie das Seil mit der Flasche dicht am Boden entlang. Schwingen Sie es zunächst langsam, dann schneller sowie mit unterschiedlicher Geschwindigkeit, erst geradlinig, dann ruckartig und auch einmal kreisförmig. Lassen Sie die Flasche stoppen und hin und wieder die Richtung wechseln. Machen Sie sie interessant. Kurz: Erwecken Sie sie zum Leben!

Richten Sie sich mit den Bewegungen nach Ihrem Hund. Manche Vizslas schrecken vor der Reizangel zurück und müssen Mut fassen, um sie zu verfolgen. Bei ihnen gilt es, erst den Beutetrieb zu fördern, indem kleinräumiger mit der Reizangel gearbeitet wird. Auch anregende Geräusche beim Hin- und Herhuschenlassen erweisen sich als günstig. Andere wiederum haben keine Hemmungen und sind kaum im Zaum zu halten – doch mit dem Bringen hapert es gelegentlich. Für diese Vierbeiner ist die leckerchenbefüllte Flasche ideal. Die können sie packen und umhertragen, ohne damit das Weite zu suchen. Zudem können sie sich eine fressbare Belohnung verdienen.

Jagdsequenzen an der Flasche

Wenn Sie alles richtig machen, wird Ihr Welpe sich begeistert auf die Flasche stürzen und dabei das komplette Repertoire seiner genetisch vorgegebenen jagdlich orientierten Reaktionsabläufe zeigen. Er wird die Beute verfolgen, mal schnell, ein anderes Mal, indem er langsam nachzieht, ihr also hinterherschleicht. Er wird stoppen, wenden und verharren (vielleicht sogar in typischer Vorstehermanier), und: Er wird zupacken. Allmählich wird er erkennen, dass es erfolgreicher ist, erst zu verharren und die Distanz zur Beute behutsam zu verringern, als unkontrolliert hinter ihr herzuhetzen. Zum einen, weil Sie ihn stets für sein Verharren loben: „Halt!, Brav, Halt!" Zum anderen, weil Sie ihn beim bedächtigen Annähern an die Beute ebenfalls freundlich bestätigen, etwa mit „Brav, Langsam!" (auf ungarisch „Lassan!", gesprochen laschan), und weil Sie ihm nun sogar ab und zu gestatten, die Beute zu greifen, indem Sie ihn ausdrücklich dazu auffordern. Ihr Kommando: „Apport!" (auf ungarisch „Hozd!", gesprochen hoschd). Achten Sie darauf, dass er die Beute pfleglich behandelt.

Ein Stopp führt zur Beute

Wichtig für den Erfolg ist es, dass Sie, sobald Ihr Hund innehält, die Bewegungen der Beute abrupt einfrieren. Außerdem sollten Sie ihn immer wieder zu einem entsprechenden Halt animieren, indem Sie den Reizangelstopp – und damit das Innehalten des Hundes – initiieren. Ihr Vizsla soll am Ende dieser spielerischen Lektion die Beziehung herstellen, dass sein eigenes Stehenbleiben die Beute dazu bringt, sich nicht weiter zu entfernen, und somit für ihn zum Greifen nah wird. Er soll verstehen lernen, dass er durch diese Reaktion viel schneller zum Jagderfolg kommt als durch irgendeine andere.

Wenn Sie Ihr Signal zum Zugreifen allmählich hinauszögern, können Sie die Dauer des Vorstehens verlängern. Bald wird Ihr Vierbeiner „fest" vorstehen und nur handeln, wenn Sie ihn dazu auffordern. Sollte er einspringen, also doch zu früh starten, müssen Sie dafür sorgen, dass er den Gegenstand nicht zu fassen bekommt. Ihr Hund wird schnell begreifen. Denn es ist kein anderes Erlebnis für ihn, als wenn ein Vogel abstreicht, den er verfolgt hat.

„Beute" gemacht

Hat Ihr Vizsla die Flasche ergattert, stoppen Sie die Bewegung der Reizangel und rufen ihn zu sich. Allerdings nicht, indem Sie wie angewurzelt stehen bleiben, sondern indem Sie sich durch Bewegungen und Laute ungeheuer interessant machen. Hüpfen Sie zum

Beispiel in die entgegengesetzte Richtung und locken Sie Ihren Vierbeiner durch Gesten und Geräusche her. Notfalls rucken Sie leicht am Seil, um ihn etwas herbeizulotsen. Zerren Sie jedoch nicht zu stark, sonst fällt ihm die Flasche aus dem Fang.

Ehrlich geteilt

Kommt er, loben Sie ihn überschwänglich. Nehmen Sie ihm die Flasche nicht gleich ab, sondern laufen Sie ein paar Meter mit ihm umher. Dabei loben Sie ihn immer wieder für das brave Tragen („Fest! Brav, fest!"). Wenn er dicht neben Ihnen ist, kraulen Sie ihn am Hals und unter dem Fang. Seine Beute berühren Sie zunächst noch nicht. Ihr Hund soll realisieren, dass Ihre Nähe nicht unbedingt

Apportiervorübungen

Der Beutetrieb ist bei den meisten Hunden gut entwickelt, viele wollen die Beute jedoch nicht bringen. Mit der Reizangel lässt sich auch die Lust am Bringen fördern. Denn nur, wer das Bringsel brav herbeischafft und abgibt, bekommt ein Leckerchen. Das Reizangelspiel eignet sich also prima als Vorübung für das Apportieren. Binden Sie anstelle der Flasche ein Spielzeug oder ein (Fell-)Dummy an das Seil, oder, wenn Sie jagdlich arbeiten möchten, eine Federwildschwinge, ein Stück Hasenbalg oder eine Fuchslunte. Variieren Sie, damit Ihr kleiner Hund viele Erfahrungen sammeln kann.

bedeutet, dass er seine Beute abgeben muss. Allmählich gehen Sie dazu über, die Beute anzutippen. Dann nehmen Sie ihm die Flasche aus dem Fang (Kommando: „Gib aus!"), öffnen unter großem Brimborium deren Verschluss, lassen einige Leckerchen in Ihre Hand rollen, die Sie ihm geben. Wiederholen Sie dieses Spiel nicht zu oft. Zwei- bis dreimal hintereinander reicht für den Anfang.

Der eifrige Apporteur

Gegenstände vom Boden aufnehmen, sie umhertragen und mit nach Hause schleppen: Jedem Vizsla liegen diese Verhaltensweisen im Blut. Nutzen Sie das und fördern Sie dieses Verhalten gezielt. Hat Ihr Hund gelernt, einen ganz bestimmten Gegenstand auf Aufforderung hin zu apportieren, lassen sich – gerade, wenn Sie Nichtjäger sind – zahllose Varianten erfinden, mit denen Sie ihn beschäftigen und ständig aufs Neue fordern können. Ob Augen- oder Nasenleistung, ob Gedächtnis oder Geschicklichkeit Ihres Tieres: Mit Apportierspielen lassen sich diese Fähigkeiten hervorragend schulen. Stellt sich nur die Frage: Wann beginnen und wie? Die einfache Antwortet lautet: Bereits beim Welpen, und zwar so:

Erste Apportierübungen

In einem möglichst schmalen kurzen Flur mit nicht allzu glattem Boden breiten Sie die Decke Ihres Hundes aus, nehmen mit ihm darauf Platz und halten ihn sanft fest. Nehmen Sie sein Lieblingsspielzeug und hauchen Sie ihm Leben ein, indem Sie es vor den Augen des Welpen auf dem Boden hin und her bewegen. Unter jubelnden Geräuschen werfen Sie es nun – zwei bis drei Meter weit genügt. Ihr Welpe wird es kaum erwarten können, dem Spielzeug hinterherzurennen. Also lassen sie ihn. Er wird es gründlich untersuchen, vielleicht sogar zwischen die Kiefer nehmen. Sagen Sie ihm gleich, wie toll Sie das finden, und locken Sie ihn zu sich auf die Decke. Kommt er, loben Sie ihn herzlich und knuddeln ihn. Das Spielzeug darf er noch einen Moment behalten, bevor Sie es ihm abnehmen, um es erneut zu werfen.

Wenn er nicht kommen will

Hat Ihr Kleiner noch keine Lust, mit seiner Beute zu Ihnen zu kommen, weil andere Dinge gerade wichtiger sind, locken Sie ihn und machen Sie sich furchtbar interessant, etwa indem Sie sich an seiner Kuscheldecke zu schaffen machen. Kauern Sie sich nieder, damit Sie für ihn möglichst klein erscheinen. Oder lehnen Sie (mit den Händen auf dem Rücken) Ihren Oberkörper so weit wie möglich zurück. Auch das wirkt für den Kleinen weniger bedrohlich, als wenn Sie sich – mit ausgebreiteten Armen – nach vorn beugen. Bestimmt kommt er dann lieber. Loben jetzt nicht vergessen! Gibt's doch Schwierigkeiten mit dem Herankommen, rücken Sie mitsamt Decke etwas näher ans Ende des Flurs, um so seine „Fluchtmöglichkeiten" einzuschränken. Und bevor Sie das Bringsel erneut werfen, spielen Sie erst einmal auf engem Raum mit ihm, etwa ein Beutefangspiel. Das fördert seine Bringfreude mit Sicherheit.

Wenn er's nicht tragen will

Sollte Ihr Vizsla das Spielzeug überhaupt nicht aufnehmen wollen oder auf seinem Weg zu Ihnen ausspucken, schimpfen Sie nicht. Probieren Sie das Ganze noch einmal. Will es gar nicht klappen, erzwingen Sie nichts. Gehen Sie mit Ihrem Kleinen zum Spielzeug, lassen es ihn greifen (notfalls kicken Sie es mit dem Fuß leicht an, damit es wieder „lebendig" wird) und spazieren Sie anschließend ein bisschen durch den Gang. So lernt er, das Bringsel festzuhalten („Fest! Brav, fest!"). Steuern Sie wie beiläufig die Kuscheldecke an, setzen sich hin und loben Sie ihn dort gebührend für die erstklassige Leistung. Mit „Gib aus!" nehmen Sie das Bringsel schließlich behutsam entgegen.

Kurze Übungseinheiten

Spielen Sie das Apportierspiel nicht zu lang – weder aus lauter Begeisterung, weil es so gut funktioniert, noch aus Frust, weil es nicht recht klappen will. Nach drei bis vier Übungen ist Schluss. Richten Sie sich mit den ersten Bringübungen nach Ihrem Welpen: Ist er mit Feuereifer dabei, genügen wenige Apporte in der Woche. Dieser kleine Vierbeiner muss eher das Warten üben als das Holen. Findet Ihr Vizslakind jedoch noch wenig Gefallen an solchen Spielen, gilt es, sein Beuteverhalten zu fördern. Ideal ist hierfür das Training mit bewegter „Beute" an der Reizangel sowie möglichst unterschiedliche Motivationsobjekte. Sie sollten einen solch zögerlichen Welpen schon kräftig loben, wenn er nur hinterherrennt.

Lob ist wichtig

Bestätigen Sie jedes Aufnehmen, Tragen und Bringen – egal, um welche Art von „Beute" es sich handelt. Was auch immer Ihr Vizsla herbeischafft: Freuen Sie sich! Üben Sie bald gezielt mit Apportiergegenständen, um sein Interesse zu spezialisieren. Für den kleinen nicht jagenden Vizsla eignen sich Dummys, der vierbeinige Jagdhelfer trainiert zudem mit Wild. Loben Sie aber bitte nicht zu überschwänglich, sonst kann es vorkommen, dass Ihr Hund das Apportel wieder fallen lässt und ohne es zurückkommt.

Ob Sie die Apportierfreude Ihres Hundes auf Dauer erhalten können, hängt davon ab, wie Sie die überbrachte Beute behandeln. Wenn Sie die Bringsel gebührend bewundern, bevor Sie diese wieder verstauen (bzw. erneut auswerfen), kann Ihr Vizsla erkennen, dass Sie sich über sein Apportierverhalten freuen. Um Ihnen zu gefallen, wird er sein Bringsel weiterhin gern bei Ihnen abgeben und weniger dazu neigen, damit stiften zu gehen. Packen Sie die Beute nach der Übergabe lieblos weg, wird er mit der Zeit immer weniger Spaß am Apportieren haben.

Geübt wird mit unterschiedlichen Bringseln. So lernt der Welpe, alles zu apportieren. Perfektes Festhalten kommt im nächsten Schritt dran.

Begehren wecken

Anfangs sollten die Bringsel nicht unbeaufsichtigt im Haus herumliegen, an denen der Welpe sein Beuteverhalten allein befriedigen kann. Seine Neugier zu wecken, wird so immer schwieriger. Wenn Sie ein Dummy nach Gebrauch wegräumen und es nur ab und zu und unter viel Aufhebens hervorholen, wird Ihr Vizsla einen solchen Apportiergegenstand bald als etwas ganz Besonderes ansehen. Als etwas, das für seinen Menschen sehr bedeutsam und deswegen auch für ihn äußerst begehrenswert ist.

Apportiergegenstände in großer Auswahl

Bringsel bzw. Apportel gibt es in den unterschiedlichsten Formen, Materialien, Größen, Gewichten und Füllungsarten.

Besonders praktisch sind die relativ weich gestopften Apportiersäckchen, die in der Retrieverausbildung verwendet werden. Die sogenannten Dummys sind aus festem Leinen gefertigt und in verschiedenen Gewichtsklassen zu haben. Meist mit einem Wurfgriff ausgestattet, lassen sich diese Bringsel bequem und vor allem weit schleudern.

Ähnliche Apportiersäckchen, die mit einem Hasen- oder Fuchsfell ummantelt sind, eignen sich für das Training. Mit ein paar Tropfen Geruchsstoff beträufelt, lassen sich alle Retrieverdummys leicht in verführerisch duftende Wildimitate verwandeln.

Es gibt auch spezielle Wasserdummys, die aus Kunststoff bestehen, recht leicht sind und daher deutlich sichtbar auf der Wasseroberfläche liegen.

Ein weiches Maul, was ist das?

Die sprichwörtliche Weichmäuligkeit des Vizslas äußert sich darin, dass er die Apportiergegenstände – angefangen vom verwundeten Stück Wild bis hin zum rohen Ei – sanft aufnimmt, locker im Fang trägt und unversehrt herbringt. Um diese positive Eigenschaft zu erhalten, sollte man mit einem Vizsla möglichst keine heftigen Zerrspiele unternehmen. Auch den Apport von Holzstöcken, Spielzeug aus weichem Gummi oder mit Quietschstimmen sollte vermieden werden. Denn es verleitet den Hund dazu, fester zuzupacken und zu knautschen.

Futterbeutel mit Reiß- oder Klettverschluss (den „Schlampermäppchen" aus Kindertagen vergleichbar) sind die neuesten Errungenschaften auf dem Dummysektor. Hier bekommt der Hund nach korrektem Herbeibringen seine Belohnung direkt aus dem apportierten Säckchen.

Der Apportieralltag

Ihr Hund sitzt aufmerksam neben Ihnen. Sie werfen das Bringsel mit einem auffordernden „Brrrrr" durch die Lüfte – es klingt total verlockend für Ihren Vierbeiner, trotzdem verharrt er regungslos an Ort und Stelle (Steadiness heißt dieses lobenswerte Verhalten). Sobald Sie ihn mit „Apport!" schicken, flitzt er schnurstracks zur Beute hin, nimmt sie ohne zu zögern auf und stürmt auf direktem Weg zu Ihnen zurück, setzt sich mustergültig vor Sie hin und lässt die Beute erst in Ihre Hände fallen, wenn Sie ihn mit „Gib aus!" dazu auffordern.

In Einzelteile zerlegt

Derart meisterhaft klappt es allerdings nur bei einem Profi. Oft schleichen sich Fehler ein, die den Zweibeiner fast verzweifeln lassen. Doch zur Verzweiflung besteht kein Anlass. Zerlegen Sie die Apportierinhalte in Teilsequenzen und üben Sie diese in aller Ruhe, etwa das ruhige Sitzenbleiben, während das Bringsel vor den Augen des Vizslas ausgeworfen wird, das gezielte Losspurten, das zügige Aufnehmen des Apportels, das rasche Zurückkommen und das saubere Abgeben in Ihre Hand. Auch das Festhalten können Sie separat trainieren, z. B. indem Sie Ihrem Kleinen, der angeleint neben Ihnen geht, das Dummy wie beiläufig in den Fang legen, um nun noch ein paar flotte Schritte zu laufen. Sparen Sie dabei nicht mit Lob! Noch bevor er es sich anders überlegt, nehmen Sie den Apportiergegenstand wieder freundlich an sich („Gib aus!"). Dieses Prozedere wiederholen Sie einige Male.

Steadiness: Nein danke!

Startet Ihr Vizsla jedes Mal, sobald Sie die Hand zum Wurf erheben, probieren Sie es einmal hiermit: Anstatt das Bringsel zu werfen, legen Sie es – während Ihr Hund im „Sitz" auf Sie wartet – auf den Boden, erst dann schicken Sie ihn los, um es zu holen. Oder Sie werfen es aus, holen es aber hin und wieder selbst (notfalls, während ein Helfer Ihren Hund festhält). Beides wirkt beruhigend auf die Schnellstarter.

Ein Dummy ist kein Spielzeug! Diese Rüge hat die kleine Drahthaarhündin realisiert – auch ihr Züngeln zeigt es. Sanft packen und zu Frauchen tragen, bringt Lob.

Für jagdlich geführte Vizslas

Möchten Sie mit Ihrem Vizsla jagdlich arbeiten, braucht es mehr Einsatz und mehr an Genauigkeit und Übungssessions, damit es perfekt funktioniert. Beginnen Sie auch bei einem jagdlich geführten Hund im Welpenalter mit dem sorgsamen Training und nehmen (ist der Vizsla aus den Kinderschuhen heraus und noch nicht in der Lage, den ganzen Ablauf des Apports umzusetzen) jeweils die Aktion, die nicht gelingt, aus der Gesamthandlung heraus und trainieren diese getrennt. Dies aber bitte stets ohne Hast oder übertriebenen Ehrgeiz, und nur mit der für einen Vizsla gut zu verkraftenden „Strenge".

Das Timing muss stimmen

Haben Sie einen Vizsla, der Ihnen das Bringsel vor die Füße wirft anstatt es solange festzuhalten, bis Sie es entgegennehmen? Dann achten Sie darauf, wie Sie sich während seines Apports verhalten. Wann loben Sie ihn? Beim Aufnehmen der Beute: Prima. Beim Herbeibringen der Beute: Auch prima. Nach dem Ausgeben der Beute: Stopp! Hier hat sich ein Fehlverhalten eingeschlichen. Warum? Weil Sie, wenn Sie ihn jetzt loben, das Ausgeben bestätigen und nicht das Festhalten. Loben Sie also nur (z. B. mit „Fein fest!"), solange er das Bringsel fest im Fang hält.

Anders ist es bei einem Hund, der ein Bringsel nicht loslassen möchte. Hier darf man das Festhalten nicht übermäßig bestätigen, sondern das Loslassen. Ein solcher Hund wird überschwänglich gelobt, sobald er das Apportel hergegeben hat.

Beutetausch

Günstig ist es auch, wenn Sie mit Ihrem Hund, nachdem er das Bringsel übergeben hat, eine Art Tauschhandel machen: Er bekommt sofort ein Leckerchen zugesteckt oder ein Spielzeug, mit dem er sich trollen darf. Wenn er mag, können Sie ihm auch den apportierten Gegenstand eine Weile tragen lassen und ihn fürs Festhalten loben. Zu guter Letzt können Sie ihm, sollten Sie mit einem Futterbeutel arbeiten, auch etwas von der gemeinsamen „Beute" abgeben, indem Sie ihm jetzt ein paar Brocken zustecken. Dabei müssen Sie den zeitlichen Bezug beachten, damit sich keine Fehlverknüpfungen einstellen. Das Tauschobjekt darf nicht als Lockmittel oder zur Bestechung dienen. Sonst kann es vorkommen, dass Ihr Vizsla in Erwartung des Leckerchens bzw. Spielzeugs, den apportierten Gegenstand fallen lässt. Er bekommt das Tauschobjekt nur als Belohnung, und erst, sobald Sie das Bringsel in Händen halten.

Beschäftigung mit Dummys

Das Arbeiten mit Dummys eignet sich für jagdlich wie auch für nicht jagdlich geführte Vizslas, denn vor dem Arbeiten mit Wild steht auch ein gründliches Apportiertraining mit Dummys.

Zunächst werden die Bringsel in geringer Entfernung und „sichtig" ausgeworfen. Sichtig bedeutet, dass der Hund dessen Flugbahn und Fallstelle, manchmal auch nur dessen Flugbahn, deutlich sehen kann. Im Gegensatz zu einem solchen Markierapport spricht man bei einem „nicht sichtig" ausgeworfenen Apportel von einem blinden Apport. Dieses „blind retrieve" ist schwieriger, da der Vierbeiner lernen muss, dass es auch dann etwas zu bringen gibt, wenn er nichts fliegen oder herabfallen sieht. Er muss Ihnen also voll vertrauen. Enttäuschen Sie ihn deshalb bitte nicht!

Anfangs muss er immer etwas finden, wenn Sie ihn losschicken. War die Aufgabe zu schwierig, werfen Sie rasch (und ohne, dass der Hund es mitbekommt) in Ihrer unmittelbaren Nähe ein Bringsel ins Gras, das er mit Sicherheit finden wird.

Zunächst arbeiten Sie mit einem einzelnen Bringsel. Ist Ihr Schüler geübt, können Sie mehrere Dummys nacheinander werfen und ihn allein und großflächig danach suchen lassen. Oder Sie schicken Ihren Vizsla mit Handzeichen geleitet (siehe unten) in die entsprechenden Richtungen und lassen ihn selbstständig vor Ort kleinräumig nach den Bringseln Ausschau halten.

Eins nach dem anderen

Sie können die Dummys auch auslegen. Für den Anfänger im Voranschicken genügt eines, beim Fortgeschrittenen arbeiten Sie mit mindestens drei. Ideal ist ein Feldweg o. Ä. mit einer seitlichen Begrenzung. Lassen Sie Ihren Vizsla sitzen, während Sie die Dummys nacheinander, jeweils ca. 3 Meter voneinander entfernt, auf den Boden legen. Gehen Sie nun zu Ihrem Hund zurück und schicken ihn zum Holen – eines nach dem anderen, das zuerst ausgelegte zuerst. Hat er ein Apportel herbeigebracht, nehmen Sie es ihm vorsichtig aus dem Fang, verstauen es in Ihrer Tasche und schicken ihn erneut, so lange, bis alle Dummys zusammengetragen sind.

Das Einweisen

Parallel zu den oben genannten Übungen – und als Vorabtraining für das Einweisen – gewöhnen Sie Ihren Vizsla daran, sich jederzeit stoppen zu lassen, unabhängig davon, ob er sich gerade von Ihnen weg- oder zu Ihnen hinbewegt. Verwenden Sie dazu den Sitz-Pfiff oder das Halt-Signal (siehe Seite 115 und 119).

Das Einweisen wird angewendet, wenn ein Apportel (oder Wild) so gefallen ist, dass er es nicht sehen konnte. Mit Hand- und Hörzeichen (Pfeife, Stimme) wird der Vierbeiner zunächst auf möglichst direktem Weg in den Bereich, in den das Stück gefallen ist, geschickt (= Voranschicken), wo man ihn auffordert, selbstständig und auf kleinem Raum die Suche aufzunehmen. Ein kurzes „Such!" in rascher Folge („Such!", „Such!", „Such!", „Such!", „Such!" ...) ist das dafür übliche Kommando.

Voranschicken

Erstes Trainingsziel beim „Einweisen" ist, dass Ihr Vizsla aus der Fußposition heraus und auf Ihr Kommando hin so lange in einer geraden Linie in der angezeigten Richtung läuft, bis Sie ihm ein neues Kommando erteilen. Das klingt kompliziert und ist es tatsächlich auch. Doch wenn Sie bereits im Welpenalter den Grundstein legen, wird es später keine Probleme bei der Umsetzung geben. Und so fangen Sie es an:

Lassen Sie Ihren Kleinen absitzen und dort bleiben, während Sie sich mit seinem gefüllten Futternapf geradlinig ein paar Schritte von ihm wegbewegen. Oder Sie lassen ihn währenddessen festhalten. Loben Sie Ihren Vizsla fürs brave Sitzenbleiben. Nachdem Sie den Napf gut sichtbar auf den Boden gestellt haben, gehen Sie zurück und stellen sich dicht neben ihn. Mit nach vorn ausgestrecktem Arm und dem Kommando „Voran!" schicken Sie ihn nun zum Napf. Die positive Bestärkung des gewünschten Verhaltens (also die Verknüpfung des Kommandos mit dem Geradeauslaufen zu einem bestimmten Punkt) erfährt er durch das Futter im Napf. Geben Sie zunächst nur das Sichtzeichen, später das stimmliche Kommando. Beim Junghund können Sie darauf aufbauen und mit dem Voranschicken auf Dummys fortfahren. Hat Ihr Vizsla begriffen, was „Voran!" bedeutet, können Sie ihn auch erst einmal nach rechts bzw. links zu schicken, bevor das eigentliche Suchen beginnt.

Sein Blick auf Ihre Handzeichen

Auf einem Gelände mit starken Leitlinien, also zum Beispiel vor einer ausgedehnten Hecke, lassen Sie Ihren Vizsla (mit seinem Rücken zur Hecke gewandt) absitzen und legen in ca 10 Meter Entfernung in gerader Linie von ihm (sagen wir nach rechts) gut sichtbar ein Dummy auf den Boden. Ist er bereits geübter, können Sie auf Ihrem Rückweg direkt vor seiner Nase entlangmarschieren und auf der gegenüberliegenden Seite (also links) ein weiteres Dummy vor der Hecke auslegen. Gehen Sie nun zu Ihrem Hund zurück, postieren sich in ca. 3 Meter Abstand vor ihm und heben den rechten Arm. Ein kurzer Sitz-Pfiff zur Konzentration, dann schicken Sie ihn mit zunächst übertrieben deutlicher Geste nach rechts zum zuerst ausgelegten Dummy. Um es dem Hund anfangs leichter zu machen, weisen Sie ihn nicht nur mit dem Arm in die zu spurtende Richtung, sondern machen Sie zudem einen markanten Ausfallschritt dorthin. Hat Ihr Vizsla tadellos zurückgebracht, und Sie haben das Dummy in den Händen, bringen Sie ihn erneut in die Ausgangsposition vor der Hecke, treten wieder 3 Meter vor ihn und dirigieren ihn entsprechend nach links.

Distanz vergrößern

Klappt alles prima, vergrößern Sie bei den nächsten Übungen allmählich die Entfernungen, zunächst diejenige zwischen sich und Ihrem Hund und danach die zwischen Ihrem Hund und den Dummys. Mindestens 100 Meter in alle drei Richtungen ist der erste Meilenstein, den es zu erreichen gilt. Später können Sie Dummys in Bereichen auslegen, die Ihr Vizsla nicht einsehen kann, um ihn dort mit dem Suchen-Pfiff zum Naseneinsatz zu animieren. Und Sie können ihn auf seinem Weg zum Bringsel zunächst mit dem Sitz-Pfiff abstoppen, um ihn danach über Handzeichen auf eine Route zu dirigieren, auf der er schneller fündig wird.

Diese „Einweisepraxis" stammt eigentlich aus der Retrieverszene und ist im Jagdgebrauch mit Vorstehhunden eher unüblich. Doch all diejenigen, die sich dieser Methode bedienen, sind begeistert, wie schnell das Training beim Magyar Vizsla Erfolg hat: Seine Begeisterungsfähigkeit, sein Lerneifer und sein steter Blickkontakt machen's möglich. Sehr gute und leicht umsetzbare Schritt-für-Schritt-Erklärungen finden Sie in den Büchern „Die Kosmos Retrieverschule" und „Kosmos Buch Labrador Retriever".

Exkurs
Schwimmen

Beim Schwimmen kann der Magyar Vizsla sich nicht nur abkühlen, sondern auch seine Muskulatur trainieren, ohne die Gelenke zu strapazieren. Schwimmen dürfen selbst gelenkkranke und alte, aber auch sehr junge Hunde. Gerade Junghunde sollten schnellstmöglich Erfahrungen mit Wasser sammeln, zumal Hunden die Fähigkeit zum Schwimmen angeboren ist. Bei einem Vizsla werden Sie kaum Mühe haben, ihn ans Wasser zu gewöhnen. Denn meist trauen sich die wassernärrischen Hunde bereits als Welpen ins kühle Nass und sind dann nur mit Überredung wieder herauszubekommen. Aber Achtung! Lassen Sie Ihren Hund niemals mit angelegtem Halsband schwimmen. Er könnte an einem Ast hängen bleiben und sich verletzen.

Sollte Ihr Vizsla wider Erwarten keine Begeisterung für das Wasser zeigen, zwingen Sie ihn nicht zum Schwimmen! Viel effektiver ist es, wenn Sie einen erwachsenen und schwimmerfahrenen Hund als Begleitung an ein ruhiges Gewässer mit sanft abfallenden Ufern mitnehmen. Es wird mit Sicherheit nicht lang dauern, und Ihr Kleiner folgt dem Beispiel des Großen.

Nicht nur auf dem Trockenen auch im kühlen Nass lässt sich der Magyar Vizsla durch Einweisen lenken. Achten Sie von Anfang an auf Ihre eindeutige Körpersprache.

Tipp
Warm bleiben

Die warme Jahreszeit eignet sich am besten für erste Schwimmversuche. Doch selbst im Winter schrecken viele Vizslas nicht davor zurück, sich in die Fluten zu stürzen. Gründliches Abrubbeln danach ist Pflicht. Außerdem müssen sich die Vierbeiner danach durch Bewegung warm halten, sonst drohen Erkältungskrankheiten.

Aus dem Wasser apportieren

Lassen Sie Ihren Vizsla auch aus dem Wasser apportieren. Dazu ist es nicht nötig, dass er das Apportieren perfekt beherrscht. Gerade junge Hunde holen gern Dummys aus dem Wasser. Statten Sie diese mit einer langen Schnur aus, so haben Sie die Möglichkeit, die Bringsel wieder einzuholen, sollte es mit dem Apportieren doch nicht klappen. Üben Sie an einem möglichst flachen Gewässer ohne Strömung und mit seichtem Einstieg.

Beim ersten Wasserapport stapfen Sie mit Ihrem Hund ins Wasser. Machen Sie ihn auf das Dummy aufmerksam und werfen Sie es höchstens einen Meter vor ihm aufs Wasser. Startet er vor lauter Übermut, noch bevor es auf die Wasseroberfläche geklatscht ist bzw. bevor Sie ihn mit „Apport!" geschickt haben, übersehen Sie es diesmal großzügig. Loben Sie ihn lieber überschwänglich, wenn er das Dummy aufnimmt und zurückbringt. Ist er bei Ihnen angelangt, streicheln Sie ihn, bevor Sie ihm das Bringsel behutsam abnehmen.

Spurenleser unterwegs

Herbstzeit ist Jagdzeit – auch für den nur spielerisch tätigen Vizsla. Machen Sie Ihrem Vierbeiner die Freude und lassen ihn jetzt ausgiebig Spuren suchen. Gerade im Herbst ist die Witterung für das Auskundschaften von Fährten günstig, was dem unerfahrenen Spurenleser zugute kommt. Das moderate Klima mögen die Bodenbakterien besonders gern und arbeiten deshalb äußerst effektiv. Was das mit dem Fährten zu tun hat? Ganz einfach: Je effektiver diese Bakterien arbeiten, umso leichter fällt es dem Hund, Spuren am Boden zu entdecken. Weil sie durch ihre Stoffwechselprozesse Düfte stärker hervorheben (solche, die durch die Bodenverwundung beim Laufen, Schleppen usw. entstehen, als auch solche, die das ausgelegte bzw. geschleppte Utensil verursacht haben), liefern sie dem Vizsla noch wesentlich detailliertere geruchliche Informationen über die zu verfolgende Fährte als sonst.

Auf der Leckerchenfährte

Solange Ihr Magyar Vizsla noch keine Erfahrung im Spurenlesen hat, lassen Sie ihn zuschauen, wenn Sie die Fährte legen. Am besten ist es, wenn ihn jemand dabei festhält, denn vermutlich wird er seine Neugier sonst kaum zügeln können und Ihnen hinterherspurten.

Auf einer kurz gemähten Wiese oder einem Acker stecken Sie zunächst einen kleinen Markierungsstock in den Boden, damit Sie den Fährtenabgang, also den Beginn Ihrer Spur, wiederfinden. Dann treten Sie vorsichtig den Untergrund ein bisschen nieder, am besten in Form eines Dreiecks mit einer Spitze in Richtung des geplanten Fährtenverlaufs, und streuen dort einige Leckerchen aus. Winzige Käsebröckchen eignen sich besonders gut. Unmittelbar hinter dieser Spitze (an der Sie die meisten Leckerchen platzieren sollten) marschieren Sie los, indem Sie einen Fuß sorgsam vor den ande-

Futternapf am Ende der Fährte

Auch eine gefüllte – mit fest schließendem Deckel versehene – Futterschüssel können Sie als Belohnung am Fährtenende deponieren. Stellen Sie diese in einer kleinen Vertiefung ab, damit sie vom Fährtenabgang aus nicht zu sehen ist. Ansonsten ist nicht auszuschließen, dass Ihr Vierbeiner schnurstracks Kurs auf dieses vielversprechende Gefäß nimmt, ohne sich auch nur im Geringsten um Ihre mühsam gelegte Fährte zu kümmern. Mit Futternapf arbeiten Sie besser erst, wenn Ihr Hund das Legen der Spur nicht mehr beobachten darf.

ren setzen und in den hinterlassenen Fußabdruck jeweils ein Käsebröckchen legen ... immer geradeaus, rund 20 – 30 Meter weit. Sobald Ihrem Vizsla seine Aufgabe vertraut ist, können Sie größere Schritte machen, und Sie brauchen nicht mehr in jeden, sondern nur noch in jeden zweiten oder dritten Fußabdruck einen Leckerbissen legen. Ans Ende Ihrer Fährte kommt ein besonders großes

Käsestückchen oder ein ganzes Häufchen Käsebrocken, das Ihr Vizsla nach erfolgreicher Suche fressen darf. Mit einem Riesenschritt treten Sie schließlich zur Seite und kehren möglichst mehrere Meter vom Fährtenverlauf entfernt zu Ihrem Hund zurück, damit Sie die Fährte nicht kreuzen.

Nase runter, fertig, los!

Jetzt ist Ihr Vierbeiner an der Reihe. Angeleint führen Sie ihn zum Fährtenabgang und lassen ihn dort den Boden abschnuppern. Mit „Such!" (auf ungarisch „Keres!", gesprochen käräsch) schicken Sie ihn auf die Strecke. Das Käsehäufchen am Anfang der Spur wird ihn sicher fesseln. Ist er fertig mit Mampfen, drängt es ihn bestimmt auf den verführerisch duftenden Pfad. Lassen Sie ihn gewähren. Ohne Hektik zu verbreiten, begleiten Sie ihn auf seinem Weg Richtung Jackpot und loben ihn mit „Such!, Fein, Such!" für jedes Wegstückchen, das er ruhig meistert.

Von Trödlern und Stürmern

Findet er das Prozedere noch nicht sehr spannend, lassen Sie ihm Zeit. Ist Ihr Vizsla stark an Ihnen orientiert, weisen Sie immer wieder mit der Hand auf die Trittspur und fordern ihn freundlich lockend auf, weiterzusuchen. Bekundet er auch nur geringstes Interesse, loben Sie ihn sofort in den höchsten Tönen. Haben Sie dagegen einen Vizsla an Ihrer Seite, der zwar mit viel Spaß, aber sehr schnell auf die Strecke geht, müssen Sie mit Lob eher sparsam umgehen. Er würde sich sonst nur noch mehr beeilen. Einen solchen Spurenleser loben Sie nur dann, wenn er sein Tempo reduziert und weniger vehement vorgeht. Am Ziel angelangt, darf Ihr Hund den Lohn seiner Anstrengungen genießen: Guten Appetit!

Große Schritte

Fegt Ihr Vierbeiner wie ein Wirbelwind über die Strecke und lässt die meisten Leckerli unbeachtet liegen, machen Sie einfach größere Schritte (damit er mehr Zeit zum Suchen verwenden muss) und häufeln Sie pro Fußabdruck mehr Leckerbissen auf: Das wird seine Geschwindigkeit drosseln.

Fährten für Fortgeschrittene

Bald schon können Sie die Fährte länger auslaufen – bis zu 100 Metern, wenn Sie mögen. Auch zwei leichte weite Bögen sollten Sie nun einbauen, damit es Ihrem Vizsla nicht langweilig wird. Schafft er solche Strecken mühelos, gehen Sie dazu über, anstelle der sanften Bögen immer schärfere Winkel auszutreten. Vor diesen sollten Sie wieder etwas kleinere Schritte machen und die Leckerchendichte etwas erhöhen. Für die Wegstrecke kurz hinter einem Winkel empfiehlt sich dieses Vorgehen ebenfalls. Zur Abwechslung und um den Schwierigkeitsgrad zu steigern, schicken Sie Ihren Hund gelegentlich auf eine Fährtensuche in anspruchsvolles Terrain, etwa auf einer dicken Laubschicht. Leckerli gibt es am Fährtenabgang, an schwierigen Stellen der Route und am Fährtenende – aber immer noch begleiten Sie ihn an der Leine.

Einer Schleppspur auf der Spur

Sie können Ihren Vizsla auch auf eine Schleppspur ansetzen. Binden Sie einfach ein Stück frischen Pansen an eine Kordel und ziehen Sie es hinter sich her über die Wiese. Am Fährtenende knüpfen Sie den Leckerbissen ab und legen ihn in einen gut verschließbaren Behälter. Ihr Vierbeiner soll sich nämlich nicht selbst bedienen, wenn er seinen Weg gefunden hat und am Ziel angelangt ist. Er muss dort warten, bis Sie ebenfalls eingetroffen sind und ihm etwas aus der Dose abgeben. Denn Ihr Vizsla darf jetzt – anders als auf der Leckerchenfährte – allein auf die Strecke gehen. Dazu lassen Sie ihn zunächst am Schleppenabgang gründlich Witterung nehmen. Dann heißen Sie ihn (von Ihrem ruhigen lang gezogenen „Suuuuuuuuch!"-Kommando begleitet) sich

einige Meter weit über den Verlauf der Spur zu orientieren. Anschließend geben Sie ihn frei. Damit das Lösen der Leine reibungslos klappt, klicken Sie Ihrem Vizsla keine Führleine ans Halsband, sondern legen Sie ihm eine dünne Feldleine mit möglichst glatter Oberfläche locker um den Hals, die Sie bei Bedarf einfach abgleiten lassen.

Erhöhter Schwierigkeitsgrad

Kennt Ihr Vierbeiner die Spurensuche, können Sie eine etwas längere, aber noch geradlinige Wegstrecke in Angriff nehmen – etwa 50 bis 75 Meter. Die ersten Meter nach dem Abgang gehen Sie möglichst langsam, danach in normalem Tempo. Achten Sie darauf, dass Ihr Schleppgut schön über den Boden schleift und nicht unkontrolliert hin und her schleudert.

Mit Rückenwind

Achten Sie beim Legen der Fährte darauf, dass Sie Rückenwind (evtl. Seitenwind) haben. Das erleichtert Ihrem Hund die Suche. Zudem sollten Sie Winkel nicht gegen den Wind abknicken oder Streckenabschnitte nicht zu dicht nebeneinander verlaufen lassen: Ihr Vizsla könnte Wind davon bekommen und von seiner Spur abweichen, um schneller ans Ziel zu gelangen. Auch sollten Sie einen Winkel nicht so anlegen, dass Ihr Hund – überschießt er diesen – automatisch auf der weiterführenden Strecke landet.

Gelingt dem Vizsla die Suche, verlängern Sie die Spur noch ein wenig und lassen das gezogene Stück absichtlich einige Hopser beziehungsweise Schlenker machen. Bauen Sie auf Ihrem Pfad Kurven ein – erst als offene Bögen, danach in Form rechter Winkel. Lassen Sie die Fährte einige Zeit liegen, das heißt, Sie schicken Ihren Hund nicht jedes Mal gleich los, sondern warten damit mindestens 15, später auch 30 Minuten.

Verschiedene Untergründe

Üben Sie in unterschiedlichem Gelände und ziehen Sie Ihre Schleppen auf verschiedenen Untergründen. Auf trockenem Kies, Sand oder Asphalt ist das Spurenlesen am schwierigsten. Beim geübten Hund können Sie innerhalb eines Spurenverlaufs gezielt Geländeübergänge einbinden, also von einer gemähten Weide über einen Schotterweg auf den gegenüberliegenden Acker wechseln. Auch natürliche Hindernisse sollten Sie nutzen, einen umgestürzten Baum etwa, über den Sie das Schleppgut sorgfältig ziehen. Das fordert Ihren Hund. Doch beginnen Sie auf keinen Fall zu früh mit so hohen Schwierigkeitsgraden, sonst verliert er bald die Lust am Suchen. Helfen Sie Ihrem Vizsla anfangs – zum Beispiel, indem Sie vor Geländewechseln langsamer laufen, das Schleppgut somit weniger rasch über den Boden huschen und so die Schleppspur geruchlich deutlicher hervortreten lassen. Am Ende der Spur legen Sie das Schleppgut wieder in eine gut schließende Dose – und geben dem Vierbeiner nach erfolgreicher Suche etwas davon ab.

Im Junghundalter oder als Erwachsener, im Drahthaar- oder im Kurzhaarkleid: Der Spurwille und die Fährtensicherheit eines Magyar Vizslas sind beeindruckend.

Variante 1: Flüssige Duftspuren

Statt Pansen zu verwenden, können Sie auch mit Pansensud oder Ähnlichem arbeiten und eine Art Wund- beziehungsweise Schweißfährte legen. Für den Jagdgebrauch wählt man zum Beispiel frisches Blut eines Wildtieres, um es auf dem getretenen Streckenverlauf auszubringen. Ansonsten genügen andere verlockend duftende Flüssigkeiten, die Sie auf den Boden tupfen oder spritzen. Wie viel davon, ist vom Können Ihres Vizslas abhängig. Der untrainierte Vierbeiner benötigt mehr und höhere Konzentrationen des duftenden „Sekrets" für eine erfolgreiche Nachsuche. Sie können Geruchsstoffe auch auf ein Dummysäckchen träufeln, um es attraktiver zu machen. Für den Jagdgebrauch gibt es Düfte verschiedener Tiere.

Variante 2: Abgeschlepptes Spielzeug

Anstelle von etwas Fressbarem können Sie auch Spielzeug, ein Dummy oder totes Wild (sogenanntes Schleppwild) an die Kordel knoten und damit eine Schleppe ziehen. Und Sie können dieses Schleppgut am Fährtenende offen auf dem Boden ablegen oder, um es für den Vizsla spannender zu machen, mit einer dünnen Laubschicht bedecken, es hinter einem Baumstumpf verstecken oder im Sand verbuddeln. Richten Sie sich nach dem Leistungsvermögen und den Vorlieben Ihres Hundes. Er soll schließlich mit Freude dabei sein und viel Spaß an Ihren Beschäftigungsideen haben. Die Belohnung am Schleppenende ist das Apportel, das er nach erfolgreicher Suche zu Ihnen bringen darf.

Unter strengen Prüferaugen

Wurden die Grundlagen sorgfältig gelegt, kann man mit einem Vizsla vielfältige Prüfungen in Angriff nehmen, ohne sich Sorgen über seinen Erfolg machen zu müssen. Die leidenschaftlich arbeitenden Vierbeiner beweisen ihr überragendes Talent in jeder Prüfungssituation, ob im Einsatz als Rettungshunde oder in einer Mantrailing-Staffel oder etwa bei einem Apportier-Event für Fortgeschrittene oder einer Jagdveranstaltung. Nur der Zweibeiner sollte dabei seinen Adrenalinspiegel unter Kontrolle halten, um seinen Vierbeiner nicht zu verunsichern.

Jagdprüfungen

Für den Vizsla gibt es verschiedene jagdliche Arbeitsprüfungen, unter anderem die VGP (Verbandsgebrauchsprüfung) und die Josef-Rauwolf-Zuchtausleseprüfung sowie zwei Anlagenprüfungen, nämlich die Verbandsjugendprüfung (VJP) und die Herbstzuchtprüfung (HZP).

Anhand der VJP bzw. HZP können bereits junge Hunde ihre Anlagen unter Beweis stellen. Damit das auch ersichtlich ist, müssen die Prüfungen noch im Geburtsjahr des Tieres erfolgen. Später lässt sich schwieriger beurteilen, ob gezeigte Leistungen möglicherweise überwiegend auf ausgiebigem Training basieren und somit weniger

Tipp
Prüfungsordnungen

Wenn Sie mit Ihrem Vizsla eine Prüfung in Angriff nehmen möchten, besorgen Sie sich rechtzeitig die nötigen Prüfungsordnungen und studieren Sie diese gewissenhaft. Zudem empfiehlt es sich, an einigen der zahlreich angebotenen jagdlichen Vorbereitungskurse teilzunehmen, in denen Sie gemeinsam mit anderen Jägern und deren Vizslas unter fachlicher Anleitung trainieren können.

Diese Hündin scheint sich ihrer überragenden Leistungen durchaus bewusst zu sein. Eine gewisse Portion an Stolz und Genussfähigkeit kann man Vizslas nicht absprechen.

Auch diesem hoch dekorierten Rüden sind seine errungenen Auszeichnungen offensichtlich noch nicht genug. Welches Arbeitschampionat er wohl diesmal anvisiert?

Aussagekraft hinsichtlich erblicher Anlagen haben. Dass man seinen Schützling dennoch behutsam anleiten und in gebotenem Rahmen auf solche Anlagentests vorbereiten sollte, steht außer Frage. Nur so wird er unter Beweis stellen können, was in ihm steckt.

Die Verbandsjugendprüfung

Bei der VJP steht zunächst die Arbeit auf der „Hasenspur" auf dem Programm. Hier kann der Vizsla vorführen, wie schnell er Witterung aufnimmt und wie anhaltend er die Spur des Wildtieres verfolgt. Später im Jagdalltag ist es seine oberste Pflicht, krank geschossenes Wild möglichst rasch aufzufinden. Üben kann man dies gezielt z. B. durch Futterschleppen und Leckerchenfährten (siehe Seite 142).

Ein weiteres Prüfungsfach der VJP ist die „Nasenarbeit", bei der das Augenmerk der Prüfer darauf liegt, wie häufig der Hund Wildspuren anzeigt – durch sein aufmerksames Verhalten beziehungsweise durch mehr oder weniger festes Vorstehen. Dieses Markier- bzw. Verweisverhalten lässt Rückschlüsse auf seine Qualität als künftiger Jagdbegleiter zu. Neben der Führigkeit wird auch getestet, ob der Vizsla schussfest ist. Zudem soll der junge Vierbeiner demonstrieren, ob er zielstrebig, zügig und weiträumig suchen kann.

Die Herbstzuchtprüfung

Bei der Herbstzuchtprüfung wird wesentlich mehr Perfektion verlangt als bei einer Verbandsjugendprüfung. So muss die Quer-

suche jetzt planmäßiger erfolgen, das Vorstehen ausdrucksvoller und „fester" sein und das Apportieren (an Land wie im Wasser) beherrscht werden. Zudem muss der Vizsla seine Arbeitsfreude, seinen Elan und den Willen zur Zusammenarbeit mit seinem Menschen gebührend zum Ausdruck bringen. Und er muss seine vizsla-typischen jagdlichen Fähigkeiten unter Beweis stellen, ob auf der Schleppspur von Federwild oder Haarwild. Doch der korrekt eingearbeitete Vizsla wird niemanden enttäuschen.

SERVICE

DANKE

Allen, die an der Entstehung des Buches beteiligt waren, möchte ich an dieser Stelle herzlich danken, allen voran meiner Lektorin Alice Rieger für die angenehme und professionelle Zusammenarbeit. Ganz besonderer Dank gebührt auch Ingeborg Caminneci (der Züchterin meiner wunderbaren Hündin Lenya), die mir stets mit Rat und Tat zur Seite stand, und die es mir als Nicht-Jägerin ermöglichte, mit Lenchen an meiner Seite in viele Bereiche des Jagdalltags hineinzuschnuppern. Danken möchte ich auch Karsten Kamber, dessen Interesse für mein Buchprojekt es zu verdanken ist, dass wir (Karl-Heinz Widmann und ich) bei zahlreichen Jagdveranstaltungen als Fotografen und „Interviewer" teilnehmen und die unterschiedlichsten Vizslas bei ihrer Arbeit erleben und im Bild festhalten durften; ebenso Gregor Scheffer, Jürgen Osterbrink und den Familien Launer und Ebner, ohne deren großes Engagement einige unserer „vizsla-typischen" Fotos nicht entstanden wären. Den Falknern Raik Elsner und Claas Niehues danke ich für die Beantwortung meiner Fragen und dafür, dass ich ihre Fotoaufnahmen hier verwenden durfte. Ein liebes Danke geht auch an Familie Griep, die mir über den Verein Vizsla-in-Not, meinen „Goldjungen" Torkos vermittelt und uns bei unseren ViN-Treffen einige der „schönsten Fotomodelle" vor die Kamera gebracht hat. Bei meinem Lebensgefährten Hilbert Glaser möchte ich mich dafür bedanken, dass er die Freude an meiner Arbeit teilt und mir in der Endphase dieses Projekts den Rücken freigehalten hat. Merci auch für Deine Zeichnung! Und last but not least: Ohne meine beste Freundin wäre dieses Buch nicht das, was es ist – dank Dir Charlotte.

Zum Weiterlesen

Verhalten

Fragen Sie sich manchmal, warum Ihr Vizsla so reagiert? Wie er seine Umwelt wahrnimmt? Oder was er Ihnen sagen möchte? Hier erfahren Sie einiges über Hundeverhalten, Körpersprache und Sinnesleistungen.

Feddersen-Petersen, Dorit: Ausdrucksverhalten beim Hund. 2008

Rauth-Widmann, Brigitte: Die Sinne des Hundes. 2005

Rütter, Martin: Sprachkurs Hund. 2009

Schöning, Barbara: Hundeverhalten. 2008

Ernährung und Gesundheit

Nicht jeder ist vom Fertigfutter überzeugt oder der Hund reagiert allergisch darauf. Rohfütterung ist eine Alternative. Hier erfahren Sie, was in den Napf kommt, damit Ihr Hund gesund ernährt wird. Die „Notfallapotheke" und „Erste Hilfe" zeigen schnell und sicher, wie Sie auf Krankheiten, Schnitte oder Bissverletzungen reagieren.

Bucksch, Martin: Notfallapotheke für Hunde. 2007

Lausberg, Frank: Erste Hilfe für den Hund. 2009

Rauth-Widmann, Brigitte: 1 x 1 der Rohfütterung. 2009

Erziehung

Vizslas gelten als wissbegierige und eifrige Schüler. Die unten genannten Bücher helfen Ihnen, Lerninhalte wie „Sitz!", „Platz!", „Fuß!" und „Komm!" sanft und gekonnt zu vermitteln und sowohl Welpen als auch ältere Hunde zu vorbildlichen Begleitern fürs Leben zu erziehen.

Fichtlmeier, Anton: Grunderziehung für Welpen. 2005

Führmann, Petra und Nicole Hoefs: Das Kosmos Erziehungsprogramm für Hunde. 2006

Pietralla, Martin: Clickertraining für Hunde. 2003

Winkler, Sabine: Hundeerziehung. 2009

Jagd

Sie sind Jäger und wollen einen treuen Jagdbegleiter? Diese Bücher helfen Ihnen weiter, Ihren Vizsla fit für den Jagdalltag zu machen, mit allem, was dazugehört.

Brüll, Heinz und Günther Trommer (Hrsg.): Die Beizjagd. 2007

Markmann, Hans-Jürgen: Der Jagdhundwelpe. 2008

Markmann, Hans-Jürgen: Vom Welpen zum Jagdhelfer. 2003

Beschäftigung

Nicht jagende Vizsla-Freunde finden hier zahlreiche Beschäftigungsideen, die ihrem Vierbeiner Freude bereiten: Apportieren, Fährten suchen und Spielideen für drinnen und draußen lasten den Vizsla aus, geistig und körperlich.

Doepp, Simone und Gabriele Metz: Trick Dogs – Coole Kunststücke für pfiffige Hunde. 2009

Führmann, Petra und Nicole Hoefs: Erziehungsspiele für Hunde – für unterwegs. 2010

Möller, Anja: Das Kosmos Buch Labrador Retriever. 2009

Rauth-Widmann, Brigitte: Hundespiele. 2009

Schneider, Dorothee und Armin Hölzle: Fährtentraining für Hunde. 2005

Siebertz, Susanne und Ilona von Treskow: Wohlfühlspaß für Hunde – gesund, fit, aktiv. 2010

Zvolsky, Norma: Die Kosmos-Retrieverschule. 2009

Nützliche Adressen

Verband für das Deutsche Hundewesen (VDH) e. V.
Westfalendamm 174
44141 Dortmund
E-Mail: info@vdh.de
Internet: www.vdh.de

Verein ungarischer Vorstehhunde (VuV) e. V.
Geschäftsführer Klaus Rogge
Deliusweg 6a
22391 Hamburg
www.vuv.vizsla.de

Vizsla in Not (ViN) e. V.
Ingeborg Caminneci
Zum Krummauel 1
51570 Windeck
www.vizsla-in-Not.de

Magyar Vizsla Club (MVC) Österreich
Geschäftsführung
Karl Uhlig
Ulmenstrasse 132
A-1140 Wien
www.magyar-vizsla-club.at

Magyar Vizsla Club Schweiz (MVCS)
Hansueli Sturzenegger
Galserschstrasse 10
CH-8890 Flums
www.vizslaclub.ch

Jagdgebrauchshundverband e. V. (JGHV)
Lutz Frank
Neue Siedlung 6
15938 Drahnsdorf
www.jghv.de

Bundesverband Rettungshunde e. V. (BRH)
Geschäftsstelle
Ute Simon Bunz
Zur Römerbrücke 6a
63456 Hanau
www.brh.info

Register

Bildnachweis

169 Farbfotos wurden von Karl-Heinz Widmann extra für dieses Buch aufgenommen. Weitere Farbfotos von Raik Elsner (1; S. 9 oben), Juniors Bildarchiv (3; S. 17 Mitte und unten, 42/43), Claas Niehues (1; S. 9 unten) Horst Streitferdt/Kosmos (3; S. 142 beide, 143), Sabine Stuewer (1; S. 17 oben).

Mit 1 Zeichnung von Hilbert Glaser.

Impressum

Umschlaggestaltung von eStudio Calamar unter Verwendung eines Farbfotos von DLILLC/Corbis (Umschlagvorderseite) und drei Farbfotos von Karl-Heinz Widmann (Umschlagrückseite)

Mit 182 Farbfotos und einer Schwarzweißzeichnung.

Unser gesamtes lieferbares Programm und viele weitere Informationen zu unseren Büchern, Spielen, Experimentierkästen, DVDs, Autoren und Aktivitäten finden Sie unter **www.kosmos.de**

2010, Franckh-Kosmos Verlags-GmbH & Co. KG, Stuttgart.
Alle Rechte vorbehalten
ISBN 978-3-440-11776-7
Projektleitung: Hilke Heinemann
Redaktion: Alice Rieger
Gestaltungskonzept: eStudio Calamar
Gestaltung und Satz: Atelier Krohmer, Dettingen/Erms
Produktion: Eva Schmidt
Printed in Germany / Imprimé en Allemagne

FSC

Mix
Produktgruppe aus vorbildlich
bewirtschafteten Wäldern,
kontrollierten Herkünften und
Recyclingholz oder -fasern
Product group from well-managed
forests, controlled sources and
recycled wood or fibre

Zert.-Nr. SGS-COC-004238
www.fsc.org
© 1996 Forest Stewardship Council